2011—2020年国家古籍整理出版规划项目
『十三五』国家重点出版物出版规划项目

中国兰花古籍注译丛书

兰蕙镜

（清）屠用宁 著
莫磊 王忠 译注校订

中国林业出版社

图书在版编目（CIP）数据

兰蕙镜 /（清）屠用宁著；莫磊，王忠译注校订.
—北京：中国林业出版社，2018.12
（中国兰花古籍注译丛书）

ISBN 978-7-5038-9899-0

Ⅰ.①兰… Ⅱ.①屠… ②莫… ③王… Ⅲ.①兰科－
花卉－观赏园艺 Ⅳ.①S682.31

中国版本图书馆CIP数据核字（2018）第277149号

兰蕙镜
Lán Huì Jìng

责任编辑：何增明 邹 爱
装帧设计：刘临川
出版发行：中国林业出版社（100009 北京西城区刘海胡同 7 号）
电　　话：010-83143517
印　　刷：固安县京平诚乾印刷有限公司
版　　次：2019 年 7 月第 1 版
印　　次：2019 年 7 月第 1 次印刷
开　　本：710mm × 1000mm 1/16
印　　张：9.5
字　　数：140 千字
定　　价：88.00 元

明朝人余同麓的《咏兰》诗中有“寸心原不大，容得许多香”的诗句。我想这个许多的“香”，应不只是指香味香气的“香”，还应是包括兰花的历史文化之“香”，即史香、文化香。人性的弱点之一是有时有所爱就有所偏，一旦偏爱了，就会说出不符合实际的话来。友人从京来，说是京中每有爱梅花者，常说梅花在主产我国的诸多花卉中，其历史文化是最丰厚的；友人从洛阳来，又说洛中每有爱牡丹者，常说牡丹在主产我国的诸多花卉中，其历史文化是最丰富的。他们爱梅花、爱牡丹，爱之所至，关注至深，乃有如上的结论。我不知道他们是否有去考察过主产于我国的国兰的历史文化。其实，只要略为考察一下就可知道，在主产于我国的诸多花卉中，历史文化最为厚重的应该是兰花。拿这几种花在新中国成立前后所出的专著来说，据1990年上海文化出版社出版的由花卉界泰斗陈俊愉、程绪珂先生主编的《中国花经》所载，我们可看到，新中国成立前牡丹的专著有宋人仲休的《越中牡丹花品》等9册，梅花的专著有宋人张镃的《梅品》等7册，而兰花的专著则有宋人赵时庚的《金漳兰谱》等多达17册。至于新中国成立后这几种花的专著的数量，更是有目共睹，牡丹、梅花的专著虽然不少，但怎及兰花的书多达数百种，令人目不暇接！更不用说关于兰花的杂志和文章了。历史上有关兰花的诗词、书画、工艺品，在我国数量之多、品种之多、覆盖面之广，也是其他主产我国的诸多花卉所不能企及的。

我国兰花的历史文化来头也大，其源盖来自联合国评定的历史文化名人、大思想家、教育家孔子，和我国最早的伟大浪漫主义爱国诗人屈原。试问，有哪种花的历史文化有如此显赫的来头。其源者盛大，其流也必浩荡。笔者是爱兰的，但笔者不至于爱屋及乌，经过多方面的考察，实事求是地说，在主产我国的诸种花卉中，应是以国兰的历史文化最为厚重。

如此厚重、光辉灿烂、丰富多彩的兰花历史文化，在我们这一代里能否得到发扬光大，就要看当代我国兰界的诸君了。

弘扬我国兰花的历史文化，其中主要的一项工作是对兰花古籍的整理和研究。近年来已有人潜心于此，做出了一些成绩，这是可喜的。今春，笔者接到浙江莫磊先生的来电，告诉我中国林业出版社拟以单行本形式再版如《第一香笔记》《艺兰四说》《兰蕙镜》等多部兰花古籍，配上插图；并在即日，他们已组织班子着手工作，这消息让人听了又一次大喜过望。回忆十几年前的兰花热潮，那时的兰界，正是热热闹闹、沸沸扬扬、追追逐逐的时候，莫磊先生却毅然静坐下来，开始了他的兰花古籍整理研究出版工作，若干年里，在他孜孜不倦的努力下，这些书籍先后都一一地出版，与广大读者见面，受到大家的喜爱。

十余年后的现今，兰市已冷却了昔日的滚滚热浪，不少兰人也不再有以往对兰花的钟爱之情，有的已疏于管理，有的已老早易手，但莫磊先生却能在这样的时刻与王忠、郑黎明等几位先生一起克服困难，不计报酬，仍能坚持祖国兰花文化的研究工作。他们尊重原作，反复地细心考证，纠正了原作中初版里存在的一些错误，还补充了许多有关考证和注释方面的内容，并加上许多插图，有了更多的直观性与可读性，无疑使这几百年的宝典，焕发出光彩的新意，它在出版社领导的重视下，以全新的面貌与广大读者见面，为推动我国的兰花事业继续不断地繁荣昌盛，必起莫大的推动作用。有感于此，是为之序。

刘清涌

时在乙未之秋于穗市洛溪裕景之东兰石书屋

屠用宁先生造像

前言

何谓“镜”?“镜”有何用?

“镜”是明察的工具，“镜”可以对彼与此的言行时时起到借鉴的作用。顾名思义，《兰蕙镜》就是可以用来借鉴兰蕙形态、特性、品种、史实、培护等等方面的专业用书。这就是此书被称名为“镜”的缘由。《兰蕙镜》成书于清嘉庆十六年（1811），作者屠用宁先生，字晸曜，号芸庄，江苏荆溪（宜兴）人，在当时当地是一位名望很高的眼科医生，也是一位声名远播的艺兰大家。他细心观察、精心分析，采用歌谣作为写作的特殊形式，整书贯穿对兰蕙花苞形与色细微的鉴与赏，可谓古今艺兰专著中尤为出彩的特色。

但据清末民初学者江宁的杨复明（1869—1944）先生所著《兰言四种》介绍，屠芸庄著有《蕙花镜》一书，“花蕊包壳其颜色约有十余种，每种各系以歌，较《槎溪兰蕙镜》名色繁多”。《槎溪兰蕙镜》是《兰言四种》中记载的另一本兰书，“作者已逸其名”，其所载“十二月培养法诗”与《兰蕙镜》十二月养法几乎相同。杨复明在《兰言四种》中记有《蕙花镜》原序，与《兰蕙镜》自序大不相同，但附录的两则总歌对照《兰蕙镜》却相差不大：

“漫说虫兰与素兰，种时容易拣时难。若然识得其中趣，须服神仙九转丹。”

“虫素年年出几何，人人兰兴最贪多。纵然识得虫和素，还怕开时变作佗。”

与之作对比的《兰蕙镜》第一则选种：

“漫说虫兰与素兰，种时容易选时难。若然欲识其中妙，似练神丹九转难。”

“虫素年年出几何，幽人兰种莫贪多。纵然定得虫和素，还怕名花变作佗。”

在《兰蕙镜》第二篇序中，屠用宁的同怀兄周仪记载“因访求抄录者众，难以遍给，咸怂付梓……”显然，《兰蕙镜》成书付印前，已经被很多人抄写传播。查国家图书馆有清道光十年（1830）《兰蕙镜》刻本，又有清同治年间《蕙花镜》抄本、光绪六年（1880）《兰蕙镜》抄本。由此可以推测，《兰蕙镜》和《蕙花镜》应该是一书两名，最有可能是在刻版付印前书名为《蕙花镜》。

读者要问：为什么要改书名？综观《兰蕙镜》，觉得虽然书里也少量有介绍审视蕙花蕊头，以鉴别花品的内容，但从全书看，着重是在介绍对大花苞的苞形、包衣、壳筋、壳色和沙、晕等来判别花品优劣，顿然让人觉得它所述内容有孰春兰？孰蕙兰？两者界限不够清，有点模棱两可，不如把《蕙花镜》之名改作《兰蕙镜》，其内容反会觉得更为贴切。料想作者屠用宁先生，大概就是出于这样的考虑，在决定正式出版时，修改了书名。

本书以民国八年（1919）一月出版的《兰蕙镜》作为底本，此书系绍兴印刷局所印，书末刊有“重编者绍兴张若霞”。张若霞（1885—1957）名拯滋，绍兴漓渚小步村人，继父兄之业，于漓渚镇天元堂悬壶济世。张既精岐黄之术，又好吟风弄月，亦儒亦医，于民国二年（1913）秋牵头创立螭阳诗社并任社长，社址即设天元堂药局。其著作颇丰，著有《通俗内科学》《草药新纂》《家庭治病新书》《中西合纂实验万病治疗法》《螭阳志》等。

注释过程中，我们还参阅了光绪六年（1880）的手抄本《兰蕙镜》(下文简称《少兰钞本》)。书末有"少兰氏钞重校注",猜测"少兰氏"应该就是湖州著名兰家丁少兰。

为了帮助读者加深对内容的理解,我们除对书中三十首歌谣一一地作了注释,并以白话新歌谣形式作了通俗的今译,又把每段歌谣后那些概括性的重点文字,单独列为提要,诠释其意,使它们能够与歌谣的意思相辅相成,使读者有理解的重点,又根据每首歌谣所述的内容绘制了全套不同壳形、壳色的彩图照。我们之所以要这样做兰花古籍整理工作,旨在充分尊重古籍原著的基础上,开发深藏的内蕴,希望做出时代的新意来,使古籍能有一个崭新的面貌与广大读者见面。我们面临艰巨繁重的古籍整理任务,渴望得到广大兰友的帮助和支持,望不吝提出宝贵意见,指出我们的缺点和错误,使我们的工作能不断改进和提高。

译注者

2019年2月1日

目录

序

兰为国色天香[1]，宜乎人之好之也[2]，好之而至于癖[3]，莫甚于屠君芸庄。芸庄善于养兰，名其室曰“育兰轩”，轩中罗列群芳[4]。自选择土宜[5]，以及雨旸寒燠[6]，务俾[7]之各适其性。或与客评花，辄[8]令满座为之击节叹赏[9]，更能于含蕊时即预识其为异品[10]、为凡品，至花放则所言悉验[11]，可谓精于此矣！

吾谓其精[12]也，由于癖也；其癖也，由于专[13]也。专之时义[14]大矣哉，即如岐黄之道[15]，统计一十三科[16]。其同怀兄[17]渐斋先生，以名士为名医，集医学之大成。芸庄得其一体，壶中常贮空青[18]朱宝[19]等件，犹之取土制土[20]诸法也；临证[21]则审其孰虚孰实[22]，可治不可治，犹之异品凡品之不爽[23]其鉴也，潜心银海[24]，普济朦胧[25]。吾以为论兰若干条，可作寓言[26]读。然则人心如镜[27]，亦物之各有一镜，磨者必明，宁独[28]芸庄之于兰蕙也哉。

嘉庆[29]岁次重光协洽[30]辜月[31]上澣[32]之吉，世愚弟[33]竹亭张骅拜题

注释

[1] **国色天香** 原形容颜色和香气不同于一般花卉的牡丹花，文中用来形容兰蕙形貌香气出类拔萃。

[3] **癖** 嗜好，因喜爱而致极度迷恋的程度。

[4] **罗列群芳** 摆列着各种各样的兰花。罗列：排列，陈列；群芳：原指各种花卉，文中意指众多的兰蕙品种。

[5] **土宜** 合适的植料。

[6] **雨旸寒燠** 指各种天时气候。旸（yáng）：晴天；燠（yù）：热，暖。

[7] **俾** 使。

[8] **辄**（zhé） 总是。

[9] **击节叹赏** 指打着拍子欣赏诗文词曲或艺术作品。形容对人的行为、言论、诗文、技艺等十分赞赏。击节：打拍子。

[10] **异品** 特别珍稀的花品。

[11] **悉验** 全部得到证实。

[12] **精** 精通，精熟，精深。

[13] **专** 集中在一件事上。

[14] **时义** 意义和作用。

[15] **岐黄之道** 此指中国传统医学中医学说。相传黄帝常与岐伯、雷公等臣子坐而论道，探讨医学问题，其问答内容记载于《黄帝内经》这部中医经典。黄指的是轩辕黄帝（公元前2717—公元前2599年），岐是他的臣子岐伯。

[16] **一十三科** 古代中医分科，自元代至明隆庆年间，太医院分为十三

科。明代十三科为：大方脉、小方脉、妇人、疮疡、针灸、眼、口齿、咽喉、伤寒、接骨、金镞、按摩、祝由。

[17] **同怀兄** 志趣相投的朋友或同胞兄长。

[18] **空青** 中药名，别名青油羽、青神羽、杨梅青，是一种含铜的碳酸盐矿物。《神农本草经》“空青，味甘，寒，无毒，治青盲耳聋，明目，利九窍，通血脉……”

[19] **朱宝** 即朱宝砂，朱砂（中药名丹砂）中呈细小颗粒或粉末状者，色红明亮，触之不染手。《神农本草经》“丹砂，味甘，微寒，主身体五脏百病，养精神，安魂魄，益气明目……”

[20] **取土制土** 选取优质土，经翻晒、灌肥、过筛加工后置放在容器里备用。

[21] **临证** 亲自诊断和治疗疾病。

[22] **孰虚孰实** 哪是虚症哪是实症。孰：谁，哪个。

[23] **不爽** 不差，没有差错。

[24] **银海** 指中医眼科。

[25] **朦胧** 模糊不清，此指患有眼疾的病人。

[26] **寓言** 指有所寄托的话，可以作为借鉴。

[27] **人心如镜** 人的心就像镜子似的透亮明白。

[28] **宁独** 岂仅，难道只有。

[29] **嘉庆** 清仁宗爱新觉罗·颙琰（1760—1820年）的年号，共用25年，从公元1796—1820年。嘉庆二十五年清宣宗即位沿用，次年改元道光。

[30] **重光协洽** 农历辛未年，即嘉庆十六年，公历1811年。重光：十天干之一“辛”的别名。协洽：太岁纪年法十二辰之一，对应十二地支为“未”。

[31] **辜月** 农历十一月的别称。《尔雅·释天》“十一月为辜”，清《尔雅义疏》：辜者故也，十一月阳生，欲革故取新也。

[32] 上澣（huàn） 古时指农历每月上旬政府官员的休息日或泛指上旬。唐宋时官员行旬休，即在官九日，休息一日。休息日多行浣洗。明杨慎《丹铅总录·时序》“俗以上澣、中澣、下澣为上旬、中旬、下旬，盖本唐制十日一休沐”。

[33] 世愚弟 序作者张骅自称。世：世交关系，表示两家之间世代交往。

今译

兰有“国色天香”的美誉，能得到众人的喜爱。有些人因喜爱到了至深的程度，结果变成了“兰痴”，屠用宁（芸庄）先生对兰更是痴到无人能相比的程度。

屠先生擅长育兰，他的兰室就称名“育兰轩”，里边栽满了他所收集来的各种兰蕙珍品，从选择适合兰蕙生长的土壤到观测晴雨冷暖的天气变化，他都定然努力地做到充分适应和满足兰蕙生长的要求。有时，跟兰友赏评兰蕙的花品，所析有条，出语精妙，立即会博得在场者赞美的掌声。更能在兰花含苞时通过对兰蕊形态与壳色的细微观察，判断出花品属于优异或是仅为一般的行花，待得花朵开放出来，全都能够一一地证实他所预见的正确性，真可说是技艺精湛啊！

我认为对某一事物，要达到精通的程度，其原动力必来自他对该事物有浓厚的兴趣，知识就是在深度的喜爱中不断积累而成的。也正是因为他对某事物有了研究和实践的浓厚兴趣，所以才能有精通该事物的造诣。人到了精通某一事物的时候，意义可就大了，就以精湛的中医学说而言，共分为十三门科目。屠先生有位同胞兄长渐斋先生，他不但是位地方上受敬仰的读书人，也是闻名远近的中医，对中医各科均有深入研究。屠先生也以医为业，与渐斋先生的关系密切，家中的那些瓶瓶罐罐都装有名贵眼科药材，他给人看病时，总要先仔细地弄清症候，分辨所遇到的病症是“虚症”还是“实症”，可以用哪些药，不可以用哪些药，评估出易治和难治的程度，然后再加以分别对待，就像鉴评兰蕙是高档的珍品还是无瓣型的一般之花那样，都需要经过仔细观察和分辨，不是一下子就可以作出结论的。屠先生潜心研究中医眼科，认真医治许多患有眼疾的百姓。

我认为这兰书里一条一条论兰的内容，对广大兰人会有所帮助，能起到很好的借鉴作用，不是俗话常说：人心如镜，磨者必明吗？只有亲身经历过栽兰实践的人，才是最了解兰花的人，屠用宁先生对待兰，不就是这样的吗？

嘉庆十六年即农历辛未年（公历1811年）十一月上旬，世愚弟竹亭张骅拜题

序

花之取悦于人，香与色而已矣。林和靖[1]爱梅，谓其为清品花也；唐元宗[2]爱牡丹，谓其为富贵花也；周濂溪[3]爱莲，谓其为君子花也；陶靖节[4]爱菊，谓其为隐逸花也。而兰独为“王者香[5]”，则冠乎群花之上者矣。古人有言曰：“兰为国香，人服媚[6]之”，是人之服兰也、媚兰也，非兰之服媚人也，兰不綦重[7]哉。

同怀弟芸庄，幼从余读，暇[8]即留心山水花鸟虫鱼诸韵事[9]，其视功名势利之途，则甚鄙之，而尤嗜兰成癖。遇佳品不惜重价购之，又能工[10]于培养，以故所蓄异花最伙[11]。厥后悬壶郡城[12]，交游益广，多半兰友自当道[13]缙绅、文人学士及大贾巨商，造门请谒者无虚日[14]，得一二语指示，如获奇珍。著有《兰蕙镜》一编，出之心得，足以襄[15]古谱之未备。因访求抄录者众，难以遍给，咸怂付梓[16]，编成嘱余弁[17]其首。

嘉庆十六年岁在重光协洽阳月[18]，同怀兄周仪题

注释

[1] **林和靖** 即北宋著名隐逸诗人林逋（967—1029），字君复，40余岁后隐居杭州西湖，结庐孤山，自谓“以梅为妻，以鹤为子”，卒后宋仁宗赐谥“和靖先生”。存词三首，诗三百余首，后人辑有《林和靖先生诗集》四卷。

[2] **唐元宗** 即唐玄宗李隆基（685—762），清时为避讳康熙玄烨名号改称唐元宗。李隆基与贵妃杨玉环同喜牡丹，据柳宗元《龙城录》记载，李隆基曾召洛阳花师宋单父在骊山种植牡丹万余株，色样各不相同。

[3] **周濂溪** 即北宋哲学家周敦颐（1017—1073），原名周敦实，字茂叔，谥号元公，北宋道州营道楼田堡（今湖南道县）人。因定居庐山时，给住所旁的一条溪水命名为濂溪，并将其书屋命名为濂溪书堂，所以世称濂溪先生。周敦颐于嘉佑八年（1063）五月在虔州（今赣州）道判署内写成《爱莲说》，其中有句：“予谓菊，花之隐逸者也；牡丹，花之富贵者也；莲，花之君子者也。”

[4] **靖节** 即东晋末期南朝宋初期田园诗人陶渊明（约365—427），浔阳柴桑（今江西九江）人。曾做过几年小官，后辞官回家，归隐田园，期间创作许多反映田园生活的诗文。平生酷爱菊花，诗文中多有赏菊诗句。去世以后，友人私谥为“靖节”。

[5] **王者香** 对国兰香味的赞美之辞，后成为国兰的代称。词出东汉蔡邕《琴操》：“《猗兰操》者，孔子所作也。孔子历聘诸侯，诸侯莫能任。自卫反鲁，过隐谷之中，见芗兰独茂，喟然叹曰：‘夫兰当为王者香，今乃独茂，与众草为伍，譬犹贤者不逢时，与鄙夫为伦也。’乃止车援琴鼓之……”

[6] **服媚** 喜爱佩带。语出《春秋左传·宣公三年》：“初，郑文公有贱妾

曰燕姞，梦天使与己兰，曰：‘余为伯鯈。余，而祖也，以是为而子。以兰有国香，人服媚之，如是’”。杜预《春秋左传正义》：“媚，爱也，欲令人爱之如兰”；杨伯峻《春秋左传注》：“服媚之者，佩而爱之也”。

[7] **綦（qí）重**　很看重。綦：非常，很。

[8] **暇**　空闲，没有事的时候。

[9] **韵事**　风雅的事。

[10] **工**　擅长;善于。

[11] **伙**　多。

[12] **厥后悬壶郡城**　厥后：此后，从那以后；悬壶：《后汉书·费长房传》：“市中有老翁卖药，悬一壶于肆头。”后人以“悬壶”谓行医卖药；郡城：郡治所在地。

[13] **当道**　旧时指掌握政权的大官。

[14] **造门请谒者无虚日**　造门：上门；请谒（yè）：请求谒见；虚日：空闲的日子，间断的日子。

[15] **襄**　帮助充实。

[16] **咸怂付梓**　都鼓励印刷发行。怂：从旁鼓动；付梓：印刷发行。

[17] **弁（biàn）**　作序。

[18] **阳月**　农历十月的别称。汉·董仲舒《雨雹对》“十月，阴虽用事，而阴不孤立。此月纯阴，疑於无阳，故谓之阳月。”

今译

花卉能得到人们的喜爱，是因为它们有芳香的气味和艳丽的色彩。林和靖爱梅，爱它有高洁的花品；唐玄宗爱牡丹，爱它有富贵的气质；周濂溪爱荷花，爱它有君子的风范；陶渊明爱菊花，爱它有逸隐者的韵致，唯兰的身价最高，独被称作“王者香”，位居于众花之上。古人说：“兰称‘国香’，是花中最可贵者，人人都喜爱佩戴它。”分明是人佩戴兰花，喜爱兰花，并非是兰喜爱上了人，但兰却并不因此希望自己被人们看重”。

我的同心之友屠用宁（芸庄）先生，少时就跟随我读书学习，每当读书闲暇的时候，他就喜欢游山玩水，去领略大自然的美景，喜爱栽花、养鸟等一些情趣高雅的活动。他十分鄙视那些热衷追求功名利禄的势利小人，唯对兰花却爱到了深度迷恋的境界，一旦遇上那些高档的珍稀品种，准会不惜重金去追求。同时他也擅长栽培，所以要算他的兰室里栽培的兰蕙稀贵精品最好最多。

屠先生在县城里开诊所行医，悬壶济世，志同道合的朋友范围日广，跟他来往多年的兰友中，不乏有当时鼎鼎有名的读书人和大商家等，来他家拜访的人几乎多到天天门庭若市。他们无不把屠先生在艺兰知识技能方面的一些指点，看成是获得金银珠宝一般。

屠先生把自己多年的艺兰实践和心得加以总结、整理，编撰成《兰蕙镜》一书，这意义是很大的，它足以补充和完善那些古兰书里所没有涉及的许多重要内容。因要求抄录此书的人实在太多，难以普遍地加以满足，在大家的鼓励下，将它印刷出版成书。我则应他的嘱托，为此书写了这篇序文。

嘉庆十六年即农历辛未年（1811）十月，同怀兄周仪题

自序

兰之为草，自古有之，迨[1]孔子称兰为“王者香”，而兰尚[2]矣。好之者谱其种类、别其异同，辨其物土之宜、种养之法，已无弗备，又何待啧有烦言[3]哉。顾[4]种类虽多，而好有时尚[5]。今之所贵者，曰兰曰蕙，一干一花者为兰，一干数花者为蕙。兰开于立春[6]前后，蕙开于立夏[7]前。花虽二种，其中品类纷纭，选择难定，是则古谱之所无，而嗜兰之人则茫乎无所考[8]。

所谓镜者，试举其大纲[9]言之，花有素有虫，无红为素，异者为虫。有文有武，文者略有微异，武者即见虫形，惟是已开之后，虫素定矣。未开之时，品兰者各执己见[10]、发言盈庭[11]，迨夫端倪[12]既启、头面[13]略呈，往往嗒焉若丧[14]，全非所品之物，怅然[15]者久之。

余幼有兰癖，长而弥笃[16]，此中况味[17]已备尝[18]矣。古人有言曰：“思之思之，又复思之，思之不得，鬼神将通之”[19]。于是穷极思想[20]，日夕揣摩[21]，偶有心得，即笔于书，久而成帙[22]，聊以自娱而已。无如[23]同志诸君子见而异之，嘱余付梓[24]。余不敢以不文[25]谢免，惟望高明有以教我而斧正[26]之，则幸甚。

嘉庆十六年岁在重光协洽阳月，荆溪[27]屠用宁聂曜甫[28]芸庄氏识。

注释

[1] **迨（dài）** 待到。

[2] **尚** 尊崇、重视。

[3] **啧有烦言** 形容议论纷纷，抱怨责备。啧：争辩；烦言：气愤不满的话。

[4] **顾** 不过。

[5] **时尚** 当时的风尚。

[6] **立春** 农历二十四节气中的正月或腊月节令，在每年公历2月3日、4日或5日，以太阳到达黄经315°为准，春季的第一个节气。

[7] **立夏** 农历二十四节气中的四月节令，在每年公历5月5日、6日或7日，以太阳到达黄经45°为准，夏季的第一个节气。

[8] **考** 查核。

[9] **大纲** 大概的内容或情形。

[10] **各执已见** 各人都坚持自己的意见。

[11] **发言盈庭** 形容好多人聚在一起议论，意见纷纷，得不出一致的结论。盈：满，多。

[12] **端倪** 事情的头绪迹象。

[13] **头面**　头与面，文中喻指兰花的形态特征。

[14] **嗒（tà）焉若丧**　原指形神解体，物我皆失。后多形容懊丧的神情。嗒焉：沮丧的样子。

[15] **怅然**　因不如意而感到不痛快。

[16] **弥笃**　更加深厚。

[17] **况味**　境况与情味。

[18] **备尝**　受尽，尝尽。

[19] **思之思之……鬼神将通之**　不断反复地进行思考，以致感动鬼神得以启发。语出《管子．内业》："思之思之，又重思之，思之而不通，鬼神将通之。非鬼神之力也，精气之极也。"

[20] **穷极思想**　犹言费尽心机。穷极：即穷竭。《少兰钞本》作"穷思极想"。

[21] **日夕揣摩**　从早到晚都在琢磨研究。日夕：日夜，朝夕；揣（chuǎi）摩：悉心探求真意。

[22] **帙（zhī）**　书，书的卷册、卷次。

[23] **无如**　无可奈何。

[24] **付梓**　指书稿雕版印行。梓：刻板。

[25] **不文**　没有文采。

[26] **斧正**　敬辞，意谓请人改正文章，指教。

[27] **荆溪**　江苏省宜兴市的古称。

[28] **聂曜甫**　古代男子成年时取字，在字后加"甫"。前两字"聂曜（zhēngyào）"即为本书作者屠用宁的字。《说文解字》：甫，始冠之称，引伸为始也。

今译

兰花不过是一种草本花卉，自古就一直存在。自从大圣人孔子夸赞它们为“王者香”之后，人们对它们崇尚尤加。喜欢的人为它们作了系统的分类工作，把它们各自的形态特征一一地分别开来，研究它们最为适宜生长的土壤和培护管理的方法。至今，介绍这类经验的书籍已是相当完备，又何必还需我言辞烦琐再作争辩？却因顾念到兰蕙新品在兰人们追求时尚中不断增多。为今天的兰人所看重的是春兰和蕙兰，一干一花的称春兰，一干数花的称蕙兰。春兰开于立春之前，蕙兰则开于立夏之前。说来虽然只有这两大种，但由于它们品类繁多，选择标准难定，可是这些内容在古兰书中却都是没有被提及到的。使喜爱兰蕙的人们好似在茫茫的兰海中茫然得无法寻找到可作为借鉴依据的资料。

在这称作为“镜”的书里，找个要则来说说吧！兰蕙之花可分“素种”和“虫种”两大类，花的通体无红筋、红点的称为“素”（素心）种；瓣上有红筋或红点的则称作“虫”（彩心）种。对于花的不同形态，又可分为“文”瓣和“武”瓣两大类，称“文”瓣的花在形态上变化细微，称“武”的花，实际就是“虫”(红筋)种。花在孕蕊期间，属“虫”还是属“素”其实品相早已注定，但这时候，鉴评的人们都会坚持各自不同的看法，总是争论得激烈不休。待到花苞初开，头面逐渐显露，事情便有了结果，到底是“虫”？是“素”？是“文”？是“武”？就会一目了然。他们看到那花苞开出及花的形态就像一个失魂落魄的人，完全不是自己先前所鉴评的那样。那些争论者，面对事实，一个个怅然良久。

回忆我自己年轻时，就深爱上兰蕙，又在不断成长中更加一心一意地迷恋深爱它们，渴望与怅然这种对兰花的情感，在自己的内心中曾有过反复地体验和感受。古人说：“遇到问题，仔细琢磨，不断琢磨，琢磨仍无果，神鬼来相助。人们在反复研究中产生灵感，疙瘩终会被最后解开。”于是我便用尽心计，不息地执意探求兰花艺技，只要一有心得，就即刻握笔把它们记载下来，日子一久，便积累成厚厚的一叠资料。当时，我仅把它当做自己在玩兰中消遣的一个内容而已，无奈因被兰友看到，他们觉得很是惊喜，希望能将这些资料付印成书。我遵照他们的意见去做，没有言辞可以推却，只是希望高明者能对此书提出指教和修改意见，是我莫大的幸事。

嘉庆十六年即农历辛未年（1811）十月，宜兴屠用宁聂曜甫芸庄氏写

一、选种

漫说[1]虫兰与素兰，种时容易选[2]时难。
若然[3]欲识其中妙，似练神丹九转难[4]。

虫素年年出几何[5]？幽人[6]兰种莫贪多。
纵然[7]定得虫和素，还怕名花变作佗[8]。

注释

[1] **漫说** 随意地说。《少兰钞本》作“谩说”。
[2] **选** 挑拣。
[3] **若然** 如果。
[4] **似练神丹九转难** 道教谓丹的炼制有一至九转之别，而以九转为贵。言炼丹之难，喻拣选佳花之难。
[5] **几何** 多少(用于反问)。
[6] **幽人** 原指逸隐的读书人，此处泛指爱兰养兰之人。
[7] **纵然** 即使。
[8] **佗** 别的，其他的。

今译

随说彩心瓣子花与素心花的兰！
想在万千株草里选出个佼佼来，该有多难！
你若能真正掌握识别它的知识与本领，
须经九九回转犹如神仙炼丹那般。

茫茫兰海一年中，难能得到理想的“虫素”一二丛，
爱兰的君子，千万莫贪图多而忘却了挑选的基本功；
就算您已选得了上佳的虫种或素种，
还得等见了花，才可肯定是否是真正的珍稀佳种。

二、惜花

佳种还宜爱护真[1]，时时灌溉费艰辛。
莫将花谢存消极[2]，绿草情根手自亲[3]。

注释

[1] **真** 本性、本原。
[2] **存消极** 言切不可在放花时兴致浓，花谢了就冷落。
[3] **手自亲** 亲手栽培的苗株，其叶其根都渗透着兰人深爱的情意。

今译

你已得到上佳品种，定然要对它关爱浓浓，
冷暖、干湿，光照、通风，管护当不可放松；
花落花开，馨香年年，切不可只有三天新宠，
小草无语，人兰有情，亲手栽得它一片葱茏。

三、花有阴阳

山辨阴阳花辨性[1]，栽花亦要用工夫[2]。
花苞疏密须精审[3]，花叶青苍[4]仔细模[5]。

◎凡花生于山，有阴山阳山、半阴半阳之别，夫阳山土性温而燥，花叶必黄而苍，花多叶少；阴山土湿而润，花叶必青而黑，花少叶多。此乃花为阳、叶为阴之理也。

注释

[1] **花辨性** 犹言兰生长在阴山或阳山中会有不同的生长特性，在栽培中须加以重视和区别对待。
[2] **工夫** 指花费时间和精力后所获得的某方面的造诣本领。
[3] **须精审** 一定要仔细地、反复地审视兰苞壳叶子等颜色，质地、厚薄，筋纹疏密等不同特征。
[4] **青苍** 青：青绿有光，阴山之草深绿带青；苍：苍绿，阳山之草绿中泛黄。
[5] **模** 仿效，效法。诗中意犹根据兰花实际情况分析研究其阴阳特性。

山有阴阳之别，兰也有喜阴喜阳的不同特性，
栽培兰蕙要花功夫，你得多多用功！
花苞变化细微，难探特征影踪，
看似同样花和叶，需要你去辨别，真正把它们弄懂。

提要

山有阳山、阴山，半阳山、半阴山的区别，它们的土性、光照、温湿等自然环境都会有所不同，长期生长在不同山上的兰蕙，就会有各自不同的花性。阳山土性温燥，它们的花和株叶，色必偏黄（苍绿），花发得多，叶发得较少；阴山土性湿润，花叶之色，必青而黛绿，花发得少，叶发得较多。这就是阳性花和阴性花形成的道理。

四、看瓯兰[1]素种[2]（即春兰俗名草兰）

新花选择最难论，绿白鲜明上粉痕[3]。
若有黑筋非素种，色光滞滑[4]莫采存。

◎凡选虫花，须看其壳色鲜明。白壳绿筋、绿壳绿筋、壳上如掺粉者，素也。如若有一线黑筋，未必为素矣。亦有水红、红麻出素者，其壳必有沙晕，筋筋透顶。若色滞而滑、筋不透顶，难出好花。

注释

[1] **瓯兰** 即春兰，“瓯”字当缘由古代的东瓯国，其地大致包含现今浙江省的温州、台州、丽水一带，东瓯也是温州的古称。《艺兰四说》：“大致兰多产浙江温州，古瓯越地，故名瓯兰。”

[2] **素种** 即素心，国兰传统园艺分类的一种，以兰花的舌瓣没有红点红斑为主要特征。《兰蕙同心录》“若寻常称素，总从白绿蕊中出。然舌苔兰白，蕙有黄有绿，以绿色为上。”

[3] **粉痕** 指兰花花苞包壳上有白粉似的密集沙点，俗称白沙。

[4] **滞滑** 指衣壳色彩晦暗，没有生气。

今译

山有阴阳之别，兰也有喜阴喜阳的不同特性，

栽培兰蕙要花功夫，你得多多用功！

花苞变化细微，难探特征影踪，

看似同样花和叶，需要你去辨别，真正把它们弄懂。

提要

山有阳山、阴山，半阳山、半阴山的区别，它们的土性、光照、温湿等自然环境都会有所不同，长期生长在不同山上的兰蕙，就会有各自不同的花性。阳山土性温燥，它们的花和株叶，色必偏黄（苍绿），花发得多，叶发得较少；阴山土性湿润，花叶之色，必青而黛绿，花发得少，叶发得较多。这就是阳性花和阴性花形成的道理。

四、看瓯兰[1]素种[2]（即春兰俗名草兰）

新花选择最难论，绿白鲜明上粉痕[3]。
若有黑筋非素种，色光滞滑[4]莫采存。

◎凡选虫花，须看其壳色鲜明。白壳绿筋、绿壳绿筋、壳上如掺粉者，素也。如若有一线黑筋，未必为素矣。亦有水红、红麻出素者，其壳必有沙晕，筋筋透顶。若色滞而滑、筋不透顶，难出好花。

注释

[1] **瓯兰** 即春兰，“瓯”字当缘由古代的东瓯国，其地大致包含现今浙江省的温州、台州、丽水一带，东瓯也是温州的古称。《艺兰四说》：“大致兰多产浙江温州，古瓯越地，故名瓯兰。”

[2] **素种** 即素心，国兰传统园艺分类的一种，以兰花的舌瓣没有红点红斑为主要特征。《兰蕙同心录》“若寻常称素，总从白绿蕊中出。然舌苔兰白，蕙有黄有绿，以绿色为上。”

[3] **粉痕** 指兰花花苞包壳上有白粉似的密集沙点，俗称白沙。

[4] **滞滑** 指衣壳色彩晦暗，没有生气。

今译

选择新花看包衣，是优？是劣？最是难讲，

衣壳底色鲜靓，上布“白霜”，此花素心必有望；

若是衣壳底色绿白，黑筋鼓凸，此花定然素心难，

大凡衣壳晦暗无光，想得佳品，只能如幽梦在床。

提要

选虫（彩心）花，要看花苞包壳之色必须鲜明，筋纹相连不可模糊昏晦。白壳绿筋，绿壳绿筋，衣壳上如见有掺了白粉似的（沙），定为素心花。如衣壳上绿筋里，只要见其中有一条是黑的，那就不一定是素心了。也有水红色麻壳出素心的，它的壳上必有沙、晕，壳筋条条排列得长而清晰；如壳色昏晦，筋纹短而断续，则就好花难见了。

看素种
①白壳绿筋
②绿壳绿筋

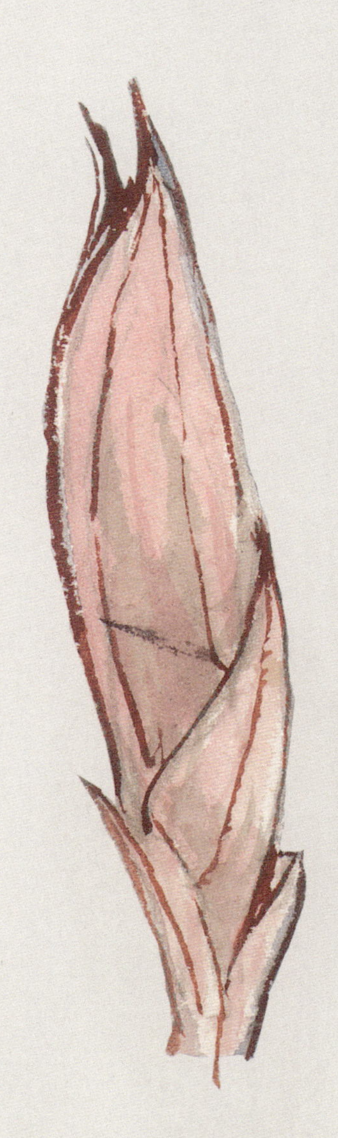

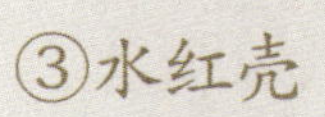
③水红壳

④红赤壳

⑤沙
⑥晕

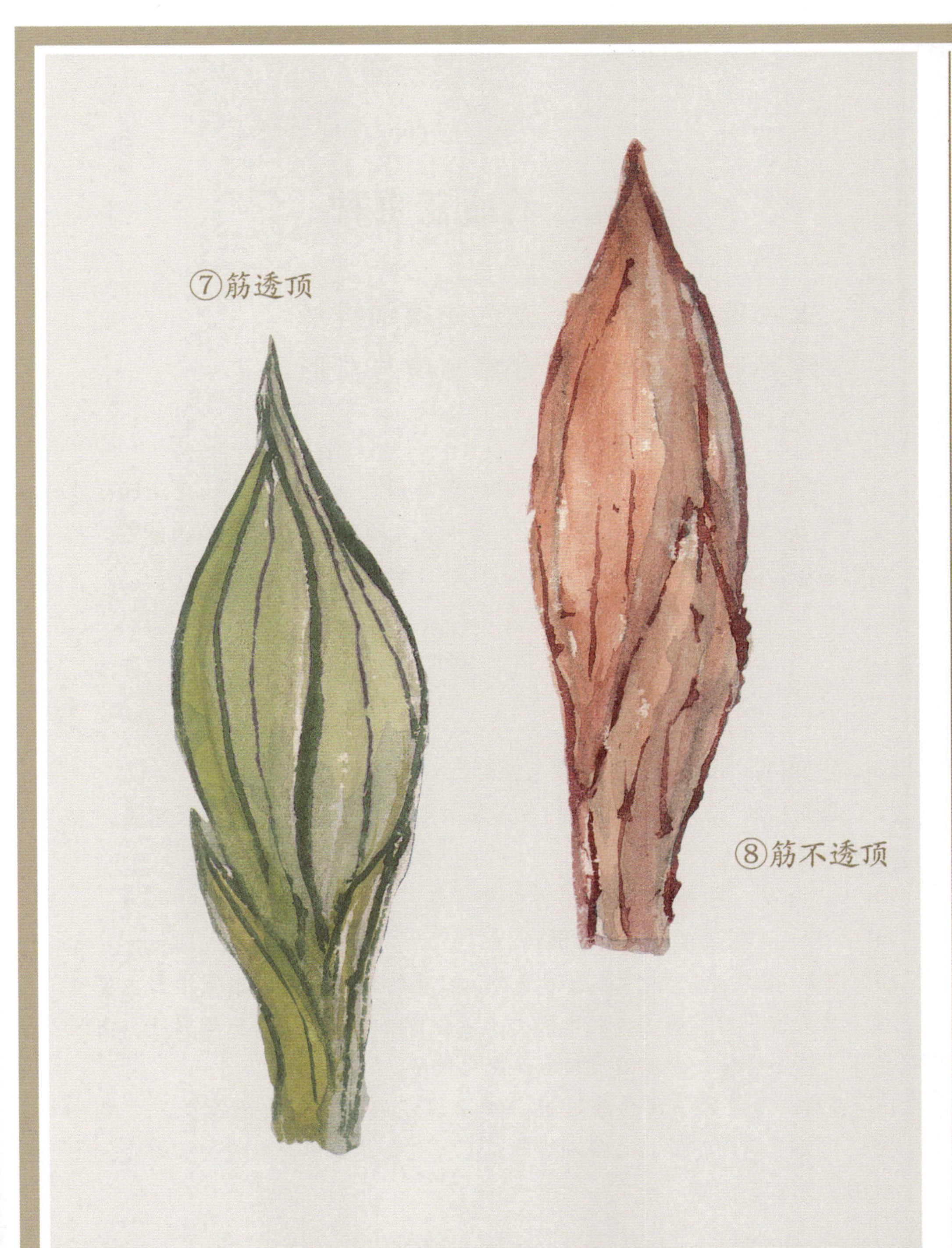
⑦筋透顶
⑧筋不透顶

五、看瓯兰虫种

虫兰选择易分明，壳色还须细辨清。
综要形圆筋透顶，自然梅瓣与荷形。

◎凡拣虫种另有一法，须看其壳色鲜明[1]、壳筋透顶[2]，色活而起沙晕，未脱衣壳[3]胎形[4]如桂圆核者，虫也。凡梅瓣[5]，必于此等内取之。若胎形如橄榄者，多出荷瓣[6]。若形如笔管、下大上尖，无所取也。

注释

[1] **壳色鲜明** 指花苞衣壳的颜色鲜活。

[2] **壳筋透顶** 指花苞衣壳上一条条筋纹要疏朗，从底部直伸至苞尖，才能出好花。

[3] **未脱衣壳** 意为花苞衣壳片片完整紧包，未曾开裂放花。

[4] **胎形** 花苞孕育出土后的形状。

[5] **梅瓣** 国兰的一种传统园艺分类，以花的外三瓣端部呈圆形为主要特征，犹如梅花的花瓣。《兰蕙同心录》："梅瓣……必要三瓣紧圆，肉厚色翠，捧不合背，舌能圆短放宕，斯为极品。"

[6] **荷瓣** 国兰的一种传统园艺分类，以花的外三瓣收根放角为主要特征，犹如荷花的花瓣。《第一香笔记》："荷花瓣厚而有兜，捧心圆，收根细，为真荷花瓣。"

今译

彩心（虫）兰中选瓣型，

花苞形状与色彩，必须仔细辨认清；

一是苞形要圆鼓，二是壳筋需疏朗透顶，

如此你所拣选的，若不是梅瓣，可望是荷型。

提要

拣选彩心（虫）的瓣子花，除了看花苞壳色鲜明、壳筋透顶、色活又有沙晕外，在花苞没有放开前，形若见有圆如龙眼核的，多为梅瓣彩心花；形若见如橄榄的，多为荷瓣彩心花；形若见瘦长，下大上尖如毛笔头状的，是‘行花’，不可取。

看外种

②胎形如橄榄

①胎形圆如桂圆

③胎形下大上尖如毛笔头

六、看筋[1]

筋纹却要细而长，透顶[2]还宜有暗光[3]。

若是虫花筋要少[4]，素心筋密亦无妨。

◎各色筋纹，综宜细长透顶。若短而密者，为麻，但看条条空而平。此定虫素之要诀也。

注释

[1] **筋** 兰花苞衣外壳上的脉纹，长短疏密、粗细平突各不相同，色彩也不一样，是挑选鉴别兰花佳种的重要依据。

[2] **透顶** 指兰蕙花苞衣壳上的筋纹，须从基部一直连到顶部，中间不能断续或消失。

[3] **有暗光** 圆锥形花苞上暗部的色彩，必须要有微细而密集的亮点反光。

[4] **筋要少** 指衣壳上的筋纹稀少疏朗。

佳花衣壳上，条条筋纹需平而细长，
壳筋要透顶，暗部还需有点点密集的沙光；
若选彩心（虫）种，需要壳筋稀少又疏朗，
若是选素种，壳筋疏或密，一概都无妨。

提要

衣壳筋纹，有绿、有青、有红、有紫和紫黑等，但归结起来必须具备四字，即细长、透顶。若遇有壳上筋纹分布短而密的，则称为“麻”，但这些筋纹须相互分离，且要平而不向上凸起的。这就是挑选“麻壳素”的诀窍。

看筋

①筋纹细长、透顶

②有暗光

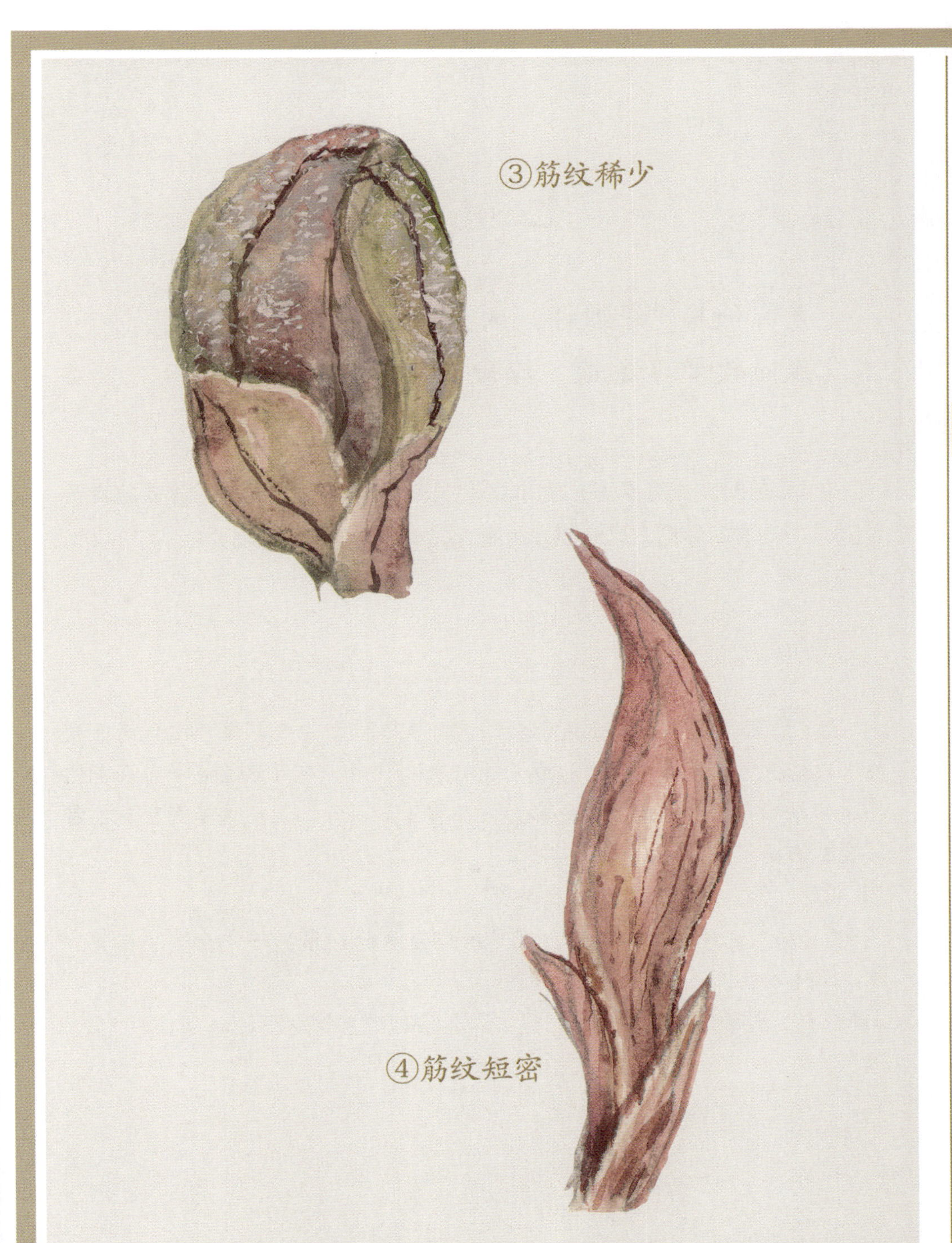
③筋纹稀少
④筋纹短密

七、看壳[1]

壳有低昂[2]仔细评，大凡气色要鲜明。
薄而软者毋多选，厚硬还宜色道清[3]。

◎诸壳无论长短厚薄，皆出虫素，若薄而硬者为第一；薄而软者为“烂衣”[4]，不出好花。厚而硬者为硬壳，有色者可取。

注释

[1] **壳** 兰花的鞘壳，又称包壳或苞衣，呈膜质鳞片状，最外两张具有硬角质，起着保护花蕾的作用。春兰苞衣有4～5层，蕙兰建兰等一茎多花的苞衣有7～9层。其上脉纹和色彩，因品种不同而异，是挑选鉴别兰花佳种的重要依据。
[2] **低昂** 低：衣壳短；昂：衣壳长。
[3] **色道清** 色泽纯净。色道：视觉所体会到的色彩，与“味道”相类。清：单纯不杂，与“浊”相对。
[4] **烂衣** 质薄而软的衣壳称“烂衣”，俗称“豆腐皮”。

今译

花苞衣壳有高（长）有低（短）须仔细辨别，
总体地说色彩须有鲜明的气质；
那些衣壳薄，质地软的称“烂衣”，你千万不要选入，
衣壳厚，质地硬还须色彩鲜明，那也只能说有望好花开出。

提要

兰蕙花苞衣壳不论高低，厚薄，都会出瓣型的彩心花和素心花。壳质又薄又硬的，为最好的花；壳质又薄又软的，俗称“烂衣”，不会长出好花。还有衣壳厚而硬的一类，若具有鲜明壳色的，则也属于可取的。

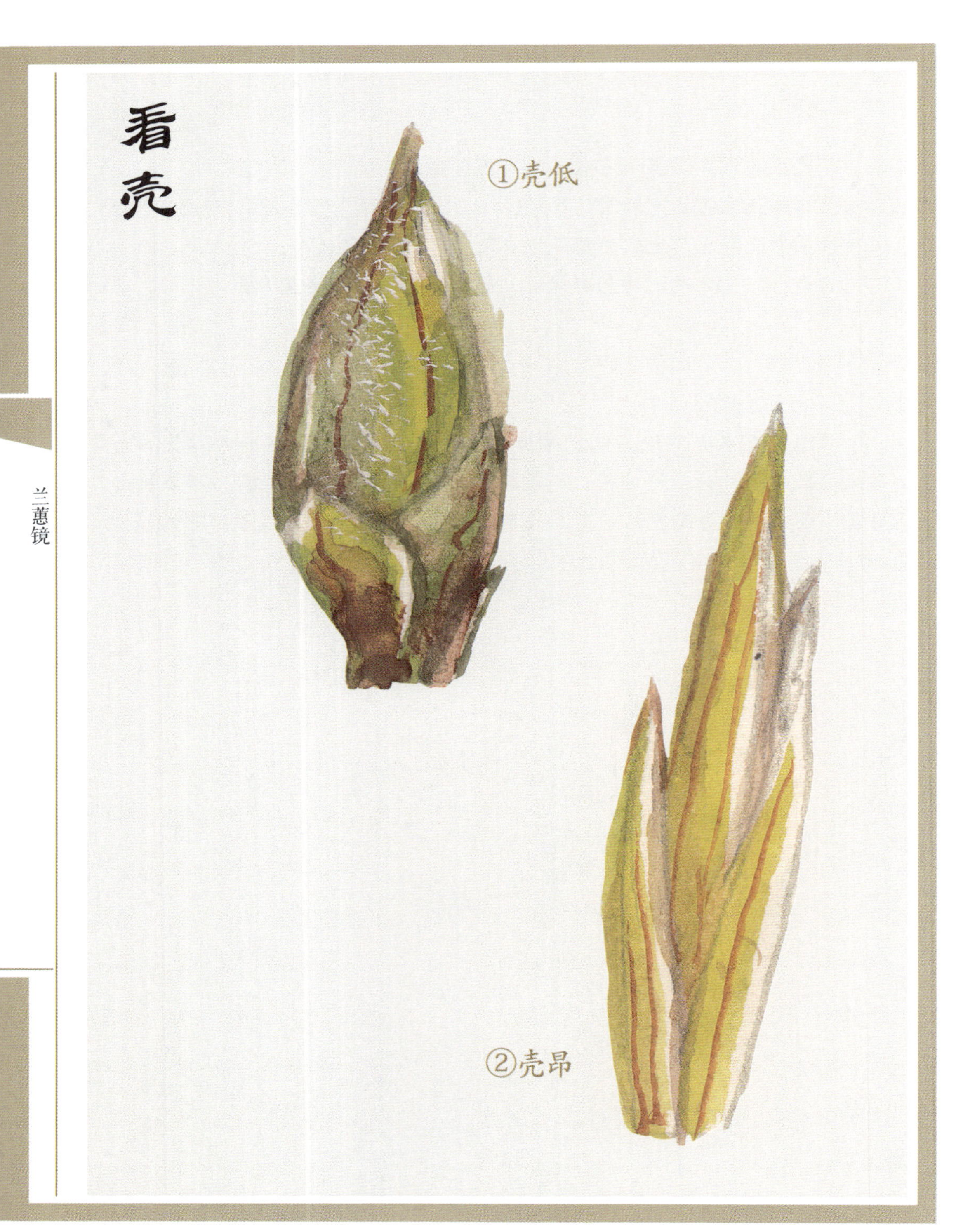
看壳
①壳低
②壳昂

③色道清（筋文清爽）

八、看色

兰花无论居何色，看色看花须精识。
但求颜色要鲜明，沙晕之中多秘诀。

◎诸色皆出异种，唯牛血红[1]万不出一，其花不薰而莸[2]，切莫拣之。

注释

[1] **牛血红** 牛血的颜色，一般呈暗红色。
[2] **不薰而莸** 不仅无香，且有臭气。薰(xūn)：香草；莸(yóu)：一种有臭味的草。

今译

兰花开的无论是什么颜色，
观色辨花都须有一番精到的选择；
一看苞壳要颜色鲜丽，牛血壳定然无好花可得，
二看壳上“沙晕”能密布如云，此花定当不会差劣。

提要

青绿红紫乌，花苞衣壳色彩诸多，它们都能开出高档佳品花，只有极其罕见的牛血红色衣壳，开出来的花不仅无香，且有臭气，记住千万别选中它们。

看色

牛血红壳色

九、看晕[1]（兼沙[2]）

素无沙晕不成功，虫素原来沙晕同[3]。
有沙有晕方为美，有沙无晕是飞虫[4]。

◎沙如桃李之毛，晕如浓烟重雾，筋、壳、色、晕四字，须要揣摩精当，方得异种无疑。

注释

[1] **晕** 指兰花苞衣表面筋纹之间的沙点密集成片，形成色泽模糊的云雾状肌理，犹如浓烟重雾。
[2] **沙** 也称“砂”，指兰花苞衣表面筋纹之间散布着尘埃状的微细点，在阳光照射下亮如晶砂，犹如桃杏果皮上的毫毛。
[3] **沙晕同** 不论虫种、素种，都以包衣上具有许多沙和晕的为好种。
[4] **飞虫** 形容不好的花品，比喻花品变差之意。

今译

若凡素心花苞壳上无“沙晕”的，就不会是佳种，
说到底素心和彩心对“沙晕”的要求都是相同的；
共同具有“沙晕”的花苞，花开美若仙童，
有“沙”无“晕”的花苞，花品必形差，变若飞虫。

提要

“沙晕”到底是怎样的？你细看：“沙”是兰蕙花苞衣壳上密集呈现如桃果上生的白毛；‘晕’在衣壳上可见密集如烟似雾状的肌理。“筋”“壳”“色”“晕”四要素，你须认真细心地作一番深入的观察研究。只有当你深刻领会了它们的含意和掌握了辨别的能力，那得到佳种、珍种就没问题了。

看沙晕

沙白亮如桃毛，晕密集如烟雾

十、看瓣

花瓣原来要阔头[1]，捧心[2]最好像风兜[3]。
收根[4]细小方为美，五瓣分窝[5]没处求。

◎瓣头不一，以梅花瓣为第一，水仙瓣[6]为第二，荷花瓣为第三，水仙荷花、荷花水仙皆为上品。（春兰舌、外三瓣短阔，捧心无白边、不起兜[7]者，此为官种水仙，又名滑口）。祓角[8]水仙、白果瓣、橄榄瓣[9]为次。竹叶瓣、柳叶瓣、线香瓣、牛角瓣[10]皆属下品。捧心有白边、起兜者，为巧种；捧心无边者，为蚌壳捧（即官种又名滑口）；捧心剪刀者为荷瓣。

注释

[1] **阔头** 指兰花三萼瓣前部要宽阔，荷瓣型称为放角、梅瓣型称为结圆。

[2] **捧心** 指两枚侧生于兰花内轮的花瓣，犹如双掌捧水之状。捧瓣形状差异是国兰瓣型学说中鉴赏佳种的重要依据之一，以瓣端有无雄性化特征被视作是否为梅瓣或水仙瓣的关键标志。

[3] **风兜** 风衣上的帽兜。比喻兰花二瓣，形如勺状帽兜。

[4] **收根** 兰花三萼端部宽，并由此渐向基部紧收变狭，荷瓣称收根，梅瓣称着根。

[5] **五瓣分窝** 即“五瓣分窠”指兰花外三瓣及二捧瓣，与鼻舌等各自适当分离，相互不粘连一起。窝：物成团或簇。

[6] **水仙瓣** 国兰的一种传统园艺分类，以花的外三瓣多呈长圆形端部有尖锋为主要特征，犹如水仙花的花瓣。《第一香笔记》：“水仙瓣须厚，大瓣洁净无筋，肩平，舌大而圆，捧心如蚕蛾、如豆荚，花脚细而高，钩刺全、封边清、白头重，乃为上品。”

[7] **不起兜** 兰花官种水仙品种二捧如蒲扇平坦。

[8] **掀角** 兰花水仙品种三萼瓣扭曲不整，又称飘门，如蜂巧就属此类。掀，用同“翘”。

[9] **白果瓣、橄榄瓣** 以核果银杏和橄榄两头收中间放之形象喻兰花三萼的形象，如春兰龙字就属此类。

[10] **竹叶瓣、柳叶瓣、线香瓣、牛角瓣** 都是以物的形象喻兰花普通无瓣型的行花外三瓣的特征。

今译

兰蕙不论是何型之花，首先是三萼瓣应该是阔头，
再是二捧要对称，形若观世音菩萨披风衣上深深的帽兜；
还有外轮三萼瓣必需根脚细要紧收，
兰花，外三、内二共五瓣，能聚散有度，相依相守。

提要

兰蕙花朵的外三瓣，依据瓣型特征和价值高低，可归纳如下：梅瓣第一，水仙瓣第二，荷瓣第三，包括水仙形荷花或荷花形水仙，均属上品。（春兰的舌和外三瓣短阔，捧心无白边、不起兜，这就称为“官种水仙”，又称“滑口水仙”）。柀角水仙，白果瓣，橄榄瓣，皆为水仙型，均属次之。竹叶瓣、柳叶瓣、线香瓣、牛角瓣，均属瓣形狭长不规整的劣品花’。捧心有白边又起兜的，称为“巧种”。捧心无白边的，称为蚌壳捧（即“官种”，俗称“滑口水仙”），属于水仙型花的捧。捧心如夹起的剪刀，属于荷瓣型花的剪刀捧。

①花瓣阔头

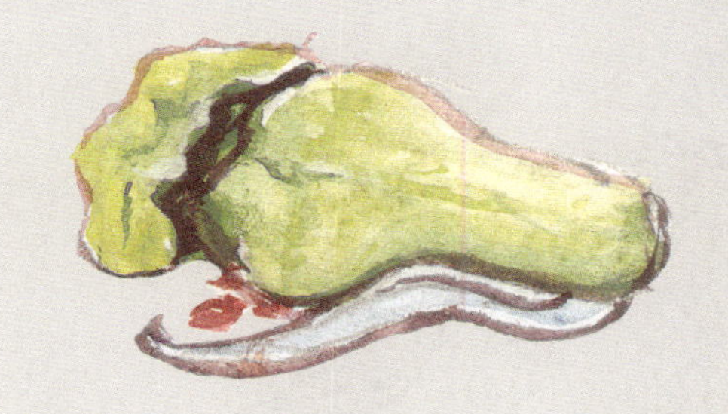

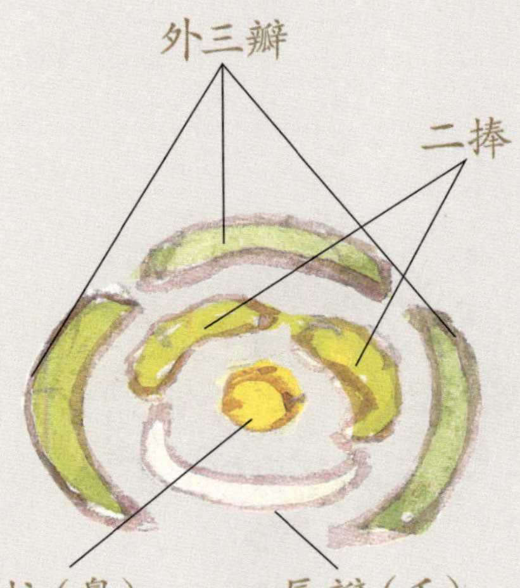

③五瓣分窠（横断面）

花瓣（二）

①梅瓣第一

②水仙瓣第二

③荷花瓣第三

④水仙荷花
⑤荷花水仙
（皆为上品）
⑥官种水仙
（捧心无白边，不起兜）
⑦巧种水仙
（捧心有白边，起兜）

花瓣（三）

⑧皱角水仙

⑨白果瓣

⑩橄榄瓣

⑪竹叶瓣
⑫柳叶瓣
⑬线香瓣
⑭牛角瓣

十一、论品

花品须知忌落肩[1]，高平拱抱[2]美无捐[3]。
若还三脚马[4]形现，拗捩[5]歪斜仰向天。

贵品天然一字平，最宜着眼是中筋[6]。
筋偏下品何须论，毫忽之间必辨明。

◎中筋[4]即旁瓣上有大筋一根，以中为妙。

注释

[1] **落肩** 外三瓣中的二侧瓣（肩）前端向下垂落。
[2] **高平拱抱** 高：指兰花梗长；平：二侧萼瓣左右平伸（即平肩）；拱抱：外三瓣端部向内，呈勾抱之势。
[3] **无捐** 喜欢，不肯抛弃。
[4] **三脚马** 我国传统木工工具，一般在大木操作中使用，一端两条“马腿”形似“大落肩”兰花旁瓣。
[5] **拗（niù）捩（liè）** 扭转歪曲。
[6] **中筋** 兰花三萼瓣，一般中间有一条较粗筋纹，亦称中线。

今译

完美佳花需平肩，潇洒脱俗如君子，正人，
花莛高，三瓣向内抱，风采依依，美若天仙；
若遇大落肩的“三脚马”出现，
花开瓣扭不规正，歪斜扭曲仰向天。

外三瓣肩平如一字，古称有正人君子之风，是上好的佳品，
最应该看的中筋，侧瓣中筋须居中，不偏不倚才能称为公，
若遇中筋偏一边，花品档次只能是低或中，
每一毫厘都要分辨清楚，可知品花如评人，风骨、气韵最看重。

提要

中筋，即外三瓣上各有一根大筋，以居正中的为优美，有比拟为正人君子，坦然公正之意。

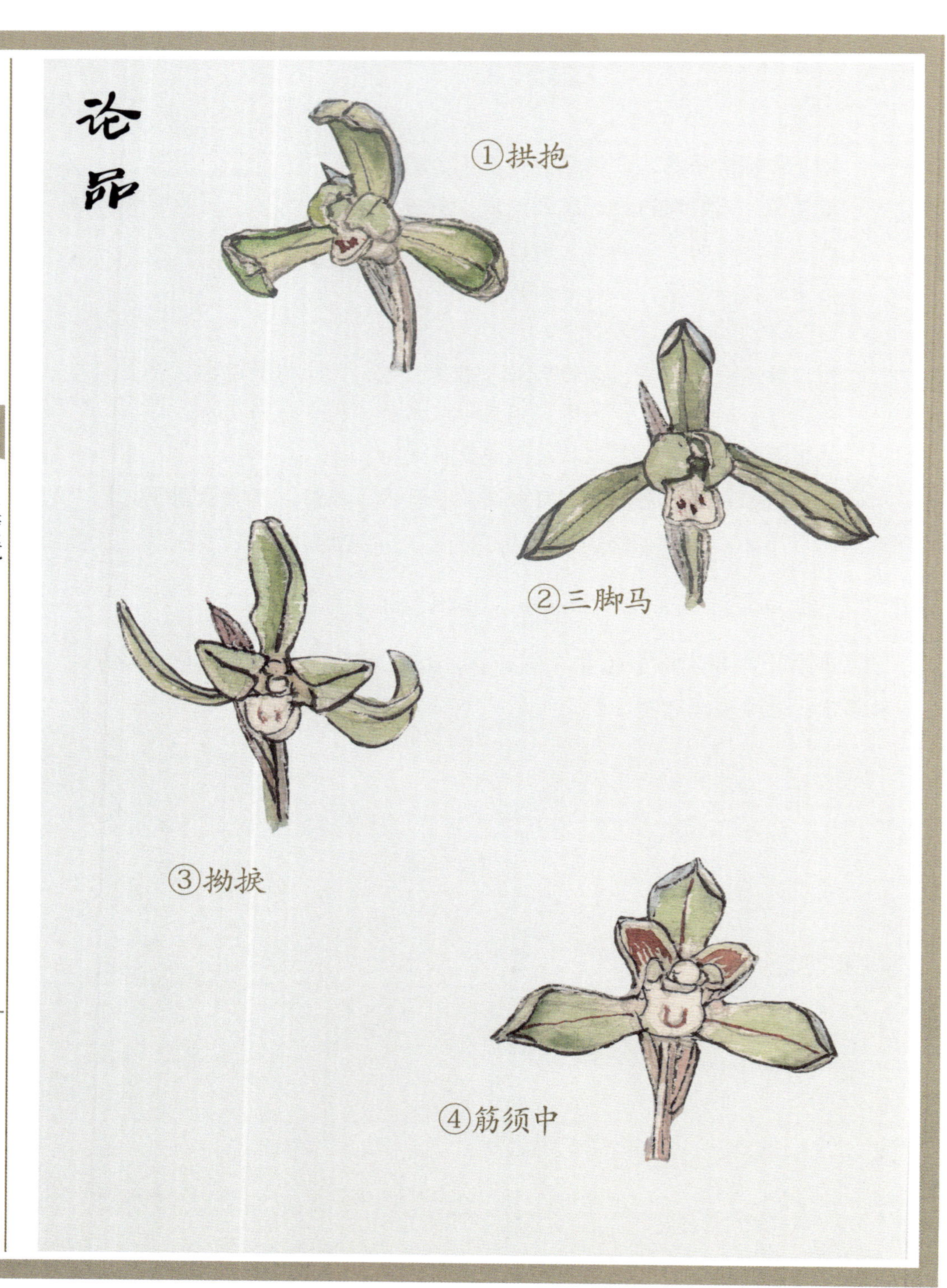
论
瓣
①拱抱
②三脚马
③拗捩
④筋须中

十二、看舌[1]（虫）

舌如刘海[2]最为奇[3]，方阔虾蟆[4]又次之。
但要阔圆尖向上，硬而狭小下无疑。

◎虫舌短而圆阔，如刘海舌者为上，方阔如虾蟆、执圭[5]者次之，但要舌尖向上为佳，若狭小而硬者下品也。

注释

[1] **舌** 捧心中央下方的一枚变态花瓣，其上部常分三裂，即中间的中裂片和两侧各一的侧裂片（腮）。舌瓣上一般缀有红色斑点，表面附着绒状物（苔）。舌瓣形态多样，在国兰鉴赏中被作为重要的鉴别依据和评价标准。

[2] **舌如刘海** 舌瓣像一种叫“刘海”的发型。刘海：一种发型，额头中央头发整齐下垂，短发下端平整齐眉，呈片状覆盖额前，与传说中仙童刘海的额前短发相像。

[3] **奇** 优美而稀少。

[4] **虾蟆** 蛙科动物泽蛙的俗称，其头部扁平，略呈三角形，长宽相等，吻端尖圆。其下颚形状与兰花的一种舌形相像。

[5] **执圭** 兰蕙一种舌形，常见于蕙花。圭：古代贵族在举行典礼时手持的一种礼器，长条形，上端作三角（剑头）形，下端正方。

今译

兰蕙花唇瓣称为舌，众多舌形里“刘海”数第一，
第二要算大圆舌和执圭舌，形如虾蟆头，又似朝笏；
唯求宽舌端上舒，尽显君子磊落坦荡之气度，
硬舌，狭舌，小形舌，犹人形怯懦，品相差劣之庸人。

提要

梅、荷型彩心花之舌形，短而圆阔，以刘海舌为最优，其次是形状方阔如虾蟆头，执圭头的舌。上佳的舌形须舌端向上，平而舒展，不下挂，若舌形狭瘦而不舒展的，则就是下品。

看舌

①刘海舌

②大圆舌（方阔虾蟆）

十三、看干（梗）

名花干尚[1]细而圆，条透须当尺外宽[2]。
小干[3]更须长寸许，花开伶俐惹人欢。

◎大梗圆而瘦长为佳，小梗亦不宜短。

注释

[1] **尚** 推崇，提倡。
[2] **条透须当尺外宽** 条透：形容蕙兰花梗高度要超出叶面即‘大出架’；须当：必须要有；尺外：一尺多；宽：宽松舒展。
[3] **小干** 蕙花的小花柄，又称短簪。

今译

形体要求细而圆，是谓推崇的蕙兰佳花梗，
还求超尺“大出架”，气宇宏大又轩昂；
短干能有寸把长，整体搭配理想又舒畅，
这样的花品最优美，谁人见了能不想？！

提要

蕙兰大梗的形象，时人崇尚圆、细，长，再有寸许长的短簪相配，无疑使整体显得特别地秀美。

十四、看蕊（拣虫）

蕙花蕊米[1]却难言，变化多端未易传[2]。
综要整齐为极品，珠形还要白镶边[3]。

◎蕙花不比春花，变化难言，但形如珠豆或倒生瓜子[4]者，定是大小梅瓣。若短阔净瓶式磨光尖角者[5]，亦能开梅瓣，只恐腹内合筋细舌[6]。若石榴嘴[7]、小净瓶、蟹钳头[8]、马叉[9]式、火叉[10]头式、三齐头[11]，皆出㼎角[12]。又剪刀、月牙式，定属荷瓣。蕊有无数形状，难以尽载，综之不拘形式，细看嘴头向内者，皆为上品；向外者，定为㼎角。须要看白镶边透、粒粒整齐为妙。若参差大小，恐虫要飞[13]也。

注释

[1] **蕊米** 指蕙兰的小花苞，又称蕊头。

[2] **变化多端未易传** 蕙兰小花苞在生长发育过程中，形象会不断发生变化，俗称“蕙拐子”，使人们难以作出正确鉴别判断。

[3] **珠形还要白镶边** 珠形：指佳品蕙兰小花苞，要求大致能呈圆珠形；白镶边：指三萼瓣有一圈白色边缘。

[4] **倒生瓜子** 喻蕙兰小花苞，形如一粒粒口朝上的瓜子（俗称瓜子口），三萼瓣小缝微裂，常开梅瓣型花。

[5] **净瓶式磨光尖角者** 净瓶：形容蕙兰花之蕊珠三瓣顶部外翻，头短而

宽，如观音菩萨手捧的那个水瓶之口；磨光尖角：三萼瓣前端口外翻、无尖，看似被磨去角的样子。

[6] **合筋细舌** 合筋：言蕙花在胎内二捧就被粘连，形成分头合背半硬捧，或连肩合背硬捧；细舌：即为形短小，细狭之舌。

[7] **石榴嘴** 花苞短圆，三瓣端部微向外翻，状如石榴的头形。

[8] **蟹钳头** 指蕙兰小花苞头形状如螃蟹的两只大螯相对抱合在一起（即蕙头八法中所称的蜈蚣钳形），程梅、老极品的蕊头均系此头形。

[9] **马叉** 古代长柄兵器，矛头两旁又岐出两刃。

[10] **火叉** 古代火攻的一种兵器，形似马叉，当中矛头裹上油棉等易燃物。

[11] **三齐头** 指蕙兰小花蕊三萼瓣前端伸直不向内弯曲，状如一把三齿并长的叉子。

[12] **皱角** 指蕙兰花苞开后，其三萼瓣端部翘而外翻不够平整，开品如百合花状，外翻统一有度。

[13] **虫要飞** 原以为根据花苞形状特征判断选出的应是具有瓣型的虫种佳花，即彩心瓣子花荷、梅、仙，但当花绽放后，结果却是不好开品。

今译

蕙兰小花苞（蕊头），头形多变化，
简单几句话，怎能说得清它们的奥妙在哪?
若是“嘴口”向内弯，都能开出好“梅瓣”，
若是蕊头镶白边，形圆如珍珠，必开佳花人人夸。

提要

蕙兰之花在胎中常多生变化，不像春兰那样较为稳定，所以开花前难以预料其品。看苞鉴品，花品优劣可基本敲定，蕙兰小花苞头形圆如珠豆，或如倒生的瓜子，花开定是大小梅瓣型。

若头形短阔，三萼端部外翻不尖，称净瓶的，也能开梅瓣型花，但常会出现半合或全合捧及细小舌形。

若石榴嘴、小净瓶、蟹钳头、马叉头、火叉头、三齐头等蕊头形，都会出柀角。又有蕊头状若剪刀、月牙，花开必定是荷瓣型。

蕙兰蕊头形状极多，难以一一地详说，归纳其意是四个字——不拘形式。你细看蕊头之嘴，三萼瓣向内的，都是开上品的佳花；三萼瓣向外的，花开定然是柀角。

最重要的是看每个蕊头大小是否一致，短圆，粒粒如珠；看萼瓣边缘的白边是否规整，是否每个都一样具有。如大小参差不齐，白边参差，有无不定，那就难以确定会是好花。

蕙蘭蕊形
①珠豆
（小平切）
②倒生瓜子
（瓜子口）

③净瓶头
④石榴嘴

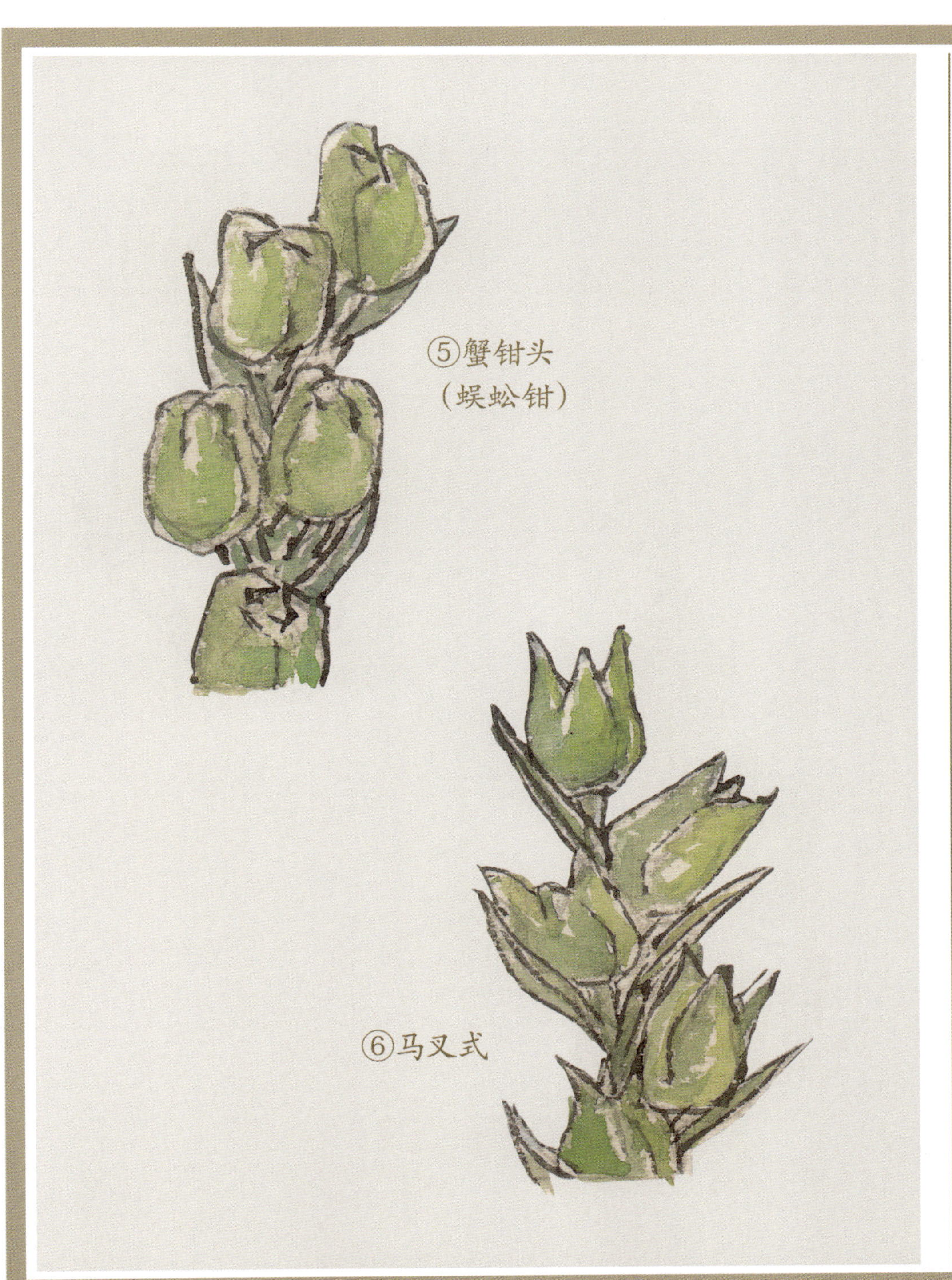
⑤蟹钳头
（蜈蚣钳）
⑥马叉式

⑦三齐头
（大平切）
⑧剪刀

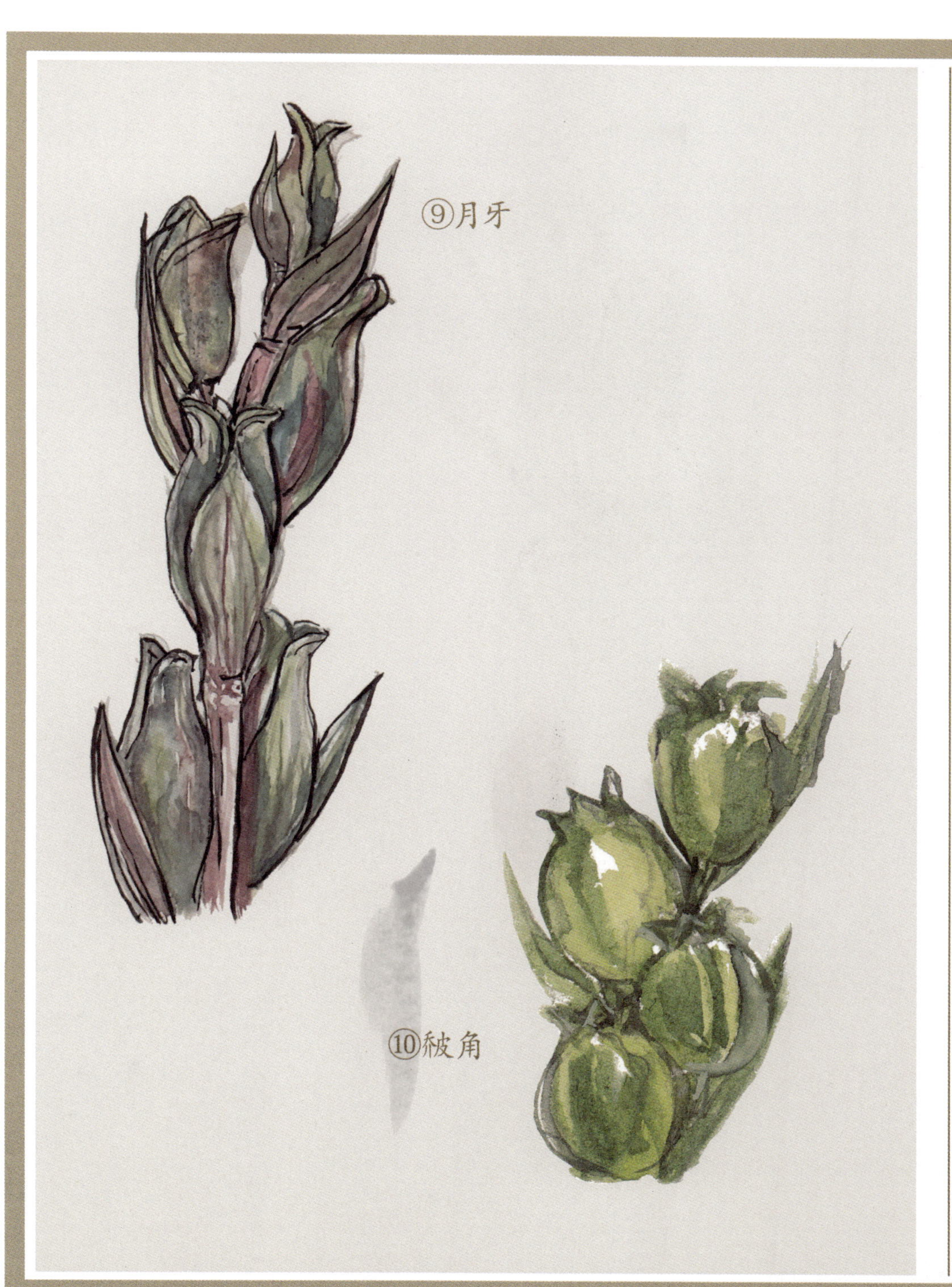
⑨月牙
⑩褦角

⑪白镶边

十五、看荷花瓣

粗筋厚壳[1]出荷花，铁骨轻胎[2]色要佳。

无论紫红与绿壳，此中常复见奇葩。

◎此论筋粗壳硬，屡出荷瓣。胎轻而圆、条直骨硬[3]、若见空头[4]，落盆后即起沙晕，可出异种。无论红绿[5]，一样看法。

注释

[1] **粗筋厚壳** 概括描述蕙兰荷瓣型花苞衣壳特征是筋纹比梅瓣要粗而凸，衣壳亦要厚硬些。

[2] **铁骨轻胎** 铁骨：言兰花壳筋质地厚硬；轻胎：花苞形状圆鼓壮实有空头。

[3] **条直骨硬** 皆言花苞衣壳上的筋纹粗硬达顶，具有硬直的质感。

[4] **空头** 言圆鼓的花苞整体下部结实，顶部呈空心无物状。

[5] **无论红绿** 言兰花赤壳或是绿壳的花苞，都可依据上述标准作出判断。

今译

春兰花苞外壳厚阔，筋纹粗凸，此为荷型特征，
遇有衣壳薄，质地硬，色鲜明，花必“荷花”；
还有绿衣壳，紫衣壳，自古都有“荷花”新出，
更拣满身“沙晕”，君可静待，准会是“荷花”精英。

提要

这是在强调筋纹厚和衣壳硬的花苞，多次出过荷花型。壳质薄而硬，苞形圆而鼓凸，壳筋硬而直长，苞顶空头无肉，这样的下山花，栽盆后即可在衣壳上看到起了许多沙晕。不论是绿壳还是赤壳，同样都会出佳品珍种。

看荷花瓣

粗筋厚壳条直骨硬，沙晕浓密

十六、绿壳（拣素）

绿壳周身有绿筋，绿筋透顶细分明。

真青霞晕[1]如烟护[2]，的[3]是名花放素心。

◎绿筋忌亮，以沙为妙。晕宜如烟，筋宜透顶。

注释

[1] **真青霞晕** 形容兰花绿底衣壳上具青色沙晕。

[2] **护** 掩蔽，包庇。诗中意犹缠绕、包围。

[3] **的** 确实，实在。

今译

通身是浅绿壳的春兰花苞，鲜绿清莹，
上布条条稀疏的深绿细筋；
“晕”似青霞浓若烟，“沙”如桃毛亮晶晶，
你可大胆作判定，此花品形极佳，且是素心。

提要

圆鼓的浅绿色花苞上，绿筋之色宜深忌淡，以具有密集之“沙”为妙；“晕”宜骤密，似烟雾流动，壳筋须分明，条条宜透顶。

绿壳

绿壳绿筋，具有浓密沙晕

十七、白壳

白壳生来色是嘉[1]，锋头淡绿[2]最堪夸。
若还壳色如调粉，紧壳还宜晕紫霞。

◎紧白壳紫筋，条条透顶，锋头淡绿，晕色如霜。出壳[3]时色如沉香[4]，日渐色深如茄皮紫米，根色如翠[5]有绿毛者，真紫也。但有白壳、水红、淡青麻，上有细紫筋，出壳时天生紫色，人以为幻色，素误者颇多，不可不留意也。

注释

[1] **嘉** 美。《少兰钞本》作"佳"。
[2] **锋头淡绿** 谓花苞白色的衣壳，近端部（壳尖）慢慢转为淡绿色。《少兰钞本》作"峰"。
[3] **出壳** 大花苞初开，露出小花苞蕊头。
[4] **沉香** 名贵中药材，瑞香科植物白木香含有树脂的木材，表面一般呈黑褐色，有特殊香气，燃烧时香气浓烈。
[5] **根色如翠** 指蕙兰白衣壳花苞基部色绿如翡翠。

今译

你若能拣得白色衣壳圆鼓的花苞，真值得称道，
苞壳向顶端渐变成淡绿，那更成难得的珍宝；
如果色壳上有层白霜，如桃果上的细毛，
再伴有紫色的霞晕缭绕，那更是好上加好。

提要

蕙兰白色花苞，衣壳层层紧包，紫色筋条条分明而透顶，顶峰色淡绿，有白色“沙”如霜，在刚出壳时颜色如沉香色，几天之后，慢慢变成如茄子皮般深紫，花苞基部有细绿毛者为真紫。也有白壳、水银红壳和淡青麻壳，上面有细紫筋，它们出壳时就是天生紫色，深浅不再变。颇有失眼兰人，不可不留意区别。

白壳

锋头淡绿，见粉紫霞晕

十八、白麻壳（拣虫）

白麻壳色亦称良，衣壳尖长胎又长[1]。
红活条条筋透顶[2]，绿衣小壳[3]定非常。

◎白麻壳紫红筋条条透顶，若见紫红晕者，异种也。

注释

[1] **衣壳尖长胎又长** 衣壳尖长：言花苞整体如橄榄，形状圆鼓；尖长：顶端如枣核长长的尖；胎：圆而鼓突的花苞整体。

[2] **红活条条筋透顶** 红活：红润有生气，言白色包衣上的红筋虽多，但清晰而有神；筋透顶：红筋清晰地通梢达顶。

[3] **绿衣小壳** 春兰花苞的包衣最里层的一张，称箨，又称贴肉小包衣，言白麻壳里面有绿色小衣壳的，花必佳。

今译

春兰的白麻衣壳苞形，也具有佳种花品特征，
它形似橄榄，肚子圆鼓上下尖挺；
白苞壳上红筋鲜润，条条透顶，
外穿白衣内衬绿衫，花品必好，能让你耳目一新。

提要

白麻色衣壳上，有紫红色“筋”条条透顶，如能在紫红筋麻间发现有紫红晕，那么此花定是彩心佳种梅、仙。

白麻壳

长衣壳，苞形长红筋清

十九、灰白壳（拣素）

白壳从来起黑沙[1]，人人错认失神花[2]。
谁知灰晕无人识，定是名葩素不差。

◎灰白壳、绿飞尖，绿筋透顶、沙晕满衣，定出素花。

注释

[1] **黑沙** 白底花苞衣壳上有深褐色密集的细微点组合成的肌理，故白壳看似灰壳。
[2] **神花** 极品好花。神：神奇、神异。

今译

灰白色衣壳，有绿筋和黑色的“沙”满布其间，
大家都误以为是不好的花而错过了佳品；
这种灰嗒嗒的花苞，不起眼，谁会选？
错，错，错，正是这壳内有白衣美人藏身！

提要

灰白色花苞常被轻视，看不起眼，细看顶部却是绿色苞尖，身上还有条条透顶的绿筋，更有“沙”和“晕”布满全身，这是正宗的麻壳素，开出花来，准让你狂喜不已。

灰白壳

白衣壳，沙晕黑色苞尖绿，壳筋绿

二十、红麻壳（拣虫）

红麻壳色绿飞尖[1]。更见尖长筋透边[2]。
若得锋头空[3]更好，此中最忌不胎圆[4]。

◎小衣绿色，外见红麻，亦为一幻[5]，须看空头，筋筋透顶。

注释

[1] **红麻壳色绿飞尖** 红麻壳：衣壳上布满红筋；绿飞尖：到了顶端变成绿色长尖。
[2] **尖长筋透边** 尖长：指圆形的花苞顶上有较长的尖；筋透边：壳上条条深色筋纹自下伸展至苞衣边缘。
[3] **锋头空** 指花苞顶部空壳无肉。
[4] **不胎圆** 即花苞形瘦长腹部不够鼓凸。
[5] **幻** 奇异的变化。

今译

红麻衣壳筋纹密，向上渐变成绿尖，
条条红筋多分明，直向绿顶伸展，
如若端部是“空头”，优点更是明显！
但若花苞狭瘦不圆鼓，断非佳花难入选。

提要

春兰红麻壳花苞，蕊头小衣却是净绿色，外面衣壳上是红筋条条，这种红麻壳，变化奇异。但若要判断是否好花？还须审察两点：一是花苞头顶要“空壳”，二是条条红色壳筋要直通到顶尖。这是在说蕙兰，因只有蕙兰才有小包衣，春兰则称贴肉包衣。

红麻壳

衣壳绿，壳筋红，肖空头

二十一、银红壳

银红[1]壳色更多多，莫把红苞贱看过[2]。
精审细研[3]终有异，虫兰一见笑颜酡[4]。

若选虫花，皆在红壳之中。素心皆在白壳之中，亦有红苞出素者，万不一得。

注释

[1] **银红** 中国传统色彩名称，指银朱和粉红色颜料配成的颜色，多用来形容有光泽的各种红色，尤指有光泽浅红。
[2] **贱看过** 轻视，看不起。贱：轻蔑。
[3] **精审细研** 《少兰钞本》作“多拣多寻”
[4] **酡**（tuó） 饮酒后脸色变红，形容人得佳花的激动与兴奋。

今译

浅色的银红花苞衣壳，往往是品形多变，
你切不可随便一看，就将它扔到一边；
细察精审，它们定会来到你的面前，
哦，终在某天，你拣得了“梅”“仙”但何等的激动兴奋。

提要

你若是选梅瓣，水仙瓣或素心花，我告诉你，就到银红衣壳里边去细心搜罗。人常说：“十梅九出银红窠”，素心都在白衣壳里出，不过也有人在银红衣壳里拣出过素心。不过这样的几率，却是一万株里头也很难有一啊！

银红壳

浅红色壳，上有深红壳筋

二十二、乌青麻壳（俗云鸡粪青麻）

乌青[1]麻壳无人爱，莫道乌青不出奇。
尖绿筋红筋透顶[2]，晕沙满壳[3]异无疑。

◎乌青麻壳最多，光亮而无沙晕。若飞尖点绿、沙晕满衣、红筋透顶，亦异种也。

注释

[1] **乌青** 青紫灰色，如人的皮肤受伤后出现淤血色块，俗称乌青。
[2] **尖绿筋红筋透顶** 尖绿：言兰花花苞顶部形状尖，颜色绿；红筋透顶：红筋从下到顶连成一气。
[3] **晕沙满壳** 衣壳上有云雾状肌理和沙尘状微细集聚的白点。

今译

春兰乌青麻壳，皮肉上的“乌青”表面实在难看，
常常被人们忽视，以为不是好东西，懒得去拣；
若遇有壳尖绿，红筋条条伸顶尖，
衣壳布满“沙”和“晕”，这是好花露脸，一生都难得相见。

提要

乌青麻壳又称鸡粪青麻壳，这种颜色的花苞衣壳，多为常见，但大都衣壳光亮如擦过油，且多是无沙无晕。若遇有头顶尖，颜色绿，满身有沙晕，条条红筋达顶的花苞，那也是佳种，切莫错看。

乌青麻壳

壳色乌青，绿尖、红筋，沙晕清

二十三、浅山青麻（拣虫）

青麻壳色不为奇，细看筋纹却要稀[1]，
枝枝透顶宜灵活[2]，雀嘴空头[3]三套衣[4]。

◎浅山青麻，筋纹忌亮。胎形条直，空头平顶[5]，绿色小衣[6]更兼沙晕，亦奇种也。

注释

[1] **筋纹却要稀** 指春兰花苞衣壳上筋纹要稀少疏朗。

[2] **枝枝透顶宜灵活** 《少兰钞本》作“条条透顶须宜活”。

[3] **雀嘴空头** 雀嘴：指春兰花苞出壳时衣壳尖端上下开裂，如鸟雀的嘴张开状；空头 ：花苞上端有半截空壳无肉。

[4] **三套衣** 指兰花的包衣由外及里的多层衣壳，如人穿的衣服，颜色要一层比一层深而艳丽。

[5] **空头平顶** 指春兰花苞肚形圆鼓，条条壳筋通顶。

[6] **绿色小衣** 即花蕊最里层的小包衣，绿色者能见佳花。

今译

春兰浅山青麻壳，乍看相貌不惊人，
细看确是壳筋稀疏又透顶，佳种灵气藏得深；
翻开层层苞壳看，如有人喜欢把漂亮衣服穿里面，
顶尖壳开如鸡嘴，“沙晕”小衣贴肉穿。

提要

选浅山青麻壳蕙兰，最忌花苞壳筋油亮。衣壳上筋纹要稀少而条条分明。还要见到绿色小衣壳上，有沙晕密布。若花苞有如此特征，也可称是佳种！

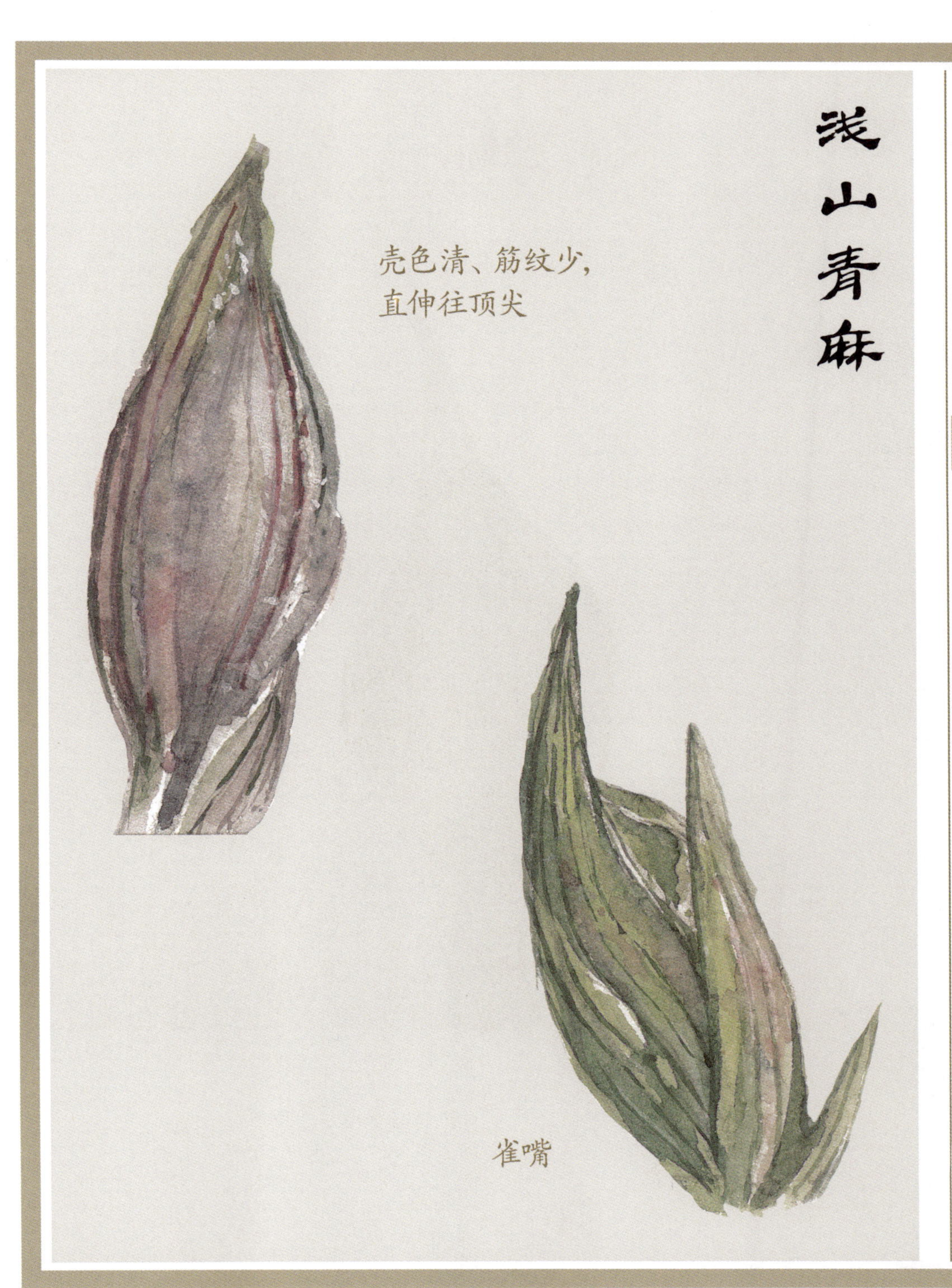
浅山青麻
壳色清、筋纹少，
直伸往顶尖
雀嘴

空头

二十四、深山青麻（拣虫）

青麻壳色紫红筋，对壳还须色道明[1]。
若得空头方可取，腹长紧扎要圆形[2]。

◎紧壳多亮，若见红青色晕如花蛇者，必得异种无疑。

注释

[1] **色道明** 指青色花苞衣壳与紫色筋纹，两者清晰分明。
[2] **腹长紧扎要圆形** 腹长：形容花苞形体较长；紧扎：喻花苞衣壳如人所穿衣服，件件紧裹不松；圆形：谓花苞整体形状要求圆鼓。

今译

深山青麻，包衣色彩青，上布明显的紫红筋，
两者颜色还需各自清晰分明；
苞形圆鼓虽属佳，还得要是个无肉的“空尖顶”。
腹稍长，没关系，关键是衣壳相互要圆而裹紧，

提要

虽见有包壳紧裹的青麻壳，但多为不好的油亮壳，如果能拣得壳上有红色“筋”、青色“晕”状如花蛇皮，甭再犹豫，它必是珍种无疑。

深山青麻

壳色青、紫红筋，腹长圆

二十五、取土

名花盆土须亲择，要把阴阳仔细推[1]。
取得高岩龙旺地[2]，弃除石蔓[3]好栽培。

◎若遇佳种，阳山花须用阳山土栽，阴山花须用阴山泥种，取其同气相求也。取泥必亲自到山，登高岩龙旺之地，弃去砂石蔓草，然后取之，不可过深为妙。

注释

[1] **要把阴阳仔细推** 阴阳：言花的出处，有阴山或阳山之别；仔细推：仔细推敲，犹言深入了解花的性状，合理安排培护方法。
[2] **高岩龙旺地** 指高山岩间长年累积所成的肥足、色黑之粒状腐叶土。高岩：高耸山岩的通风之处。
[3] **石蔓** 石：石砾；蔓：藤蔓，枝干。

今译

要把兰蕙栽培好，盆土是基础，须亲自上高山去寻找，

阴山草种阴山土，阳山草种阳山土，需要多动脑，细推敲，

挑选高山岩间风水宝地黑山泥，

一番清理，随时备用，得心应手该多好！

提要

你得到了佳种兰蕙草，仔细审视好这草出身于阴山，还是阳山？此为先要，然后取所备特性相应之土上盆栽培。这样做是出于适应苗草特性的考虑。选土须亲自上山，一切要求才能做到心中有数，挑选山势起伏，由天地气脉所结之泥土，清除石砾和枝蔓草根后带回。取山土时不可挖得过深，深层土往往过瘦，肥性不够。

二十六、制土

山泥腊粪[1]调成块，入火微烧贮入缸。
直待三年肥性缓，盆中栽植胜金浆[2]。

◎将土泥与腊粪调和作土块，入火内微烧。取出纳于缸内晒露[3]，大雨加盖，微雨无碍，此谓金[4]泥。此泥须三年后方可入盆，但不可多用，小盆一二两，中盆二三两，大盆三四两为止。放在盆底，切不可近根，恐土质过肥而反有害也。

注释

[1] **腊粪**　腊：即农历十二月；粪：人粪。下文“少兰钞本”作“腊月粪”

[2] **金浆**　泛指美酒或珍贵仙药。晋葛洪《抱朴子·金丹》：“朱草状似小枣，……刻之汁流如血……以金投之，名为金浆；以玉投之，名为玉醴，服之皆长生。”。

[3] **晒露**　缸口坦露，即装物的容器不加盖。

[4] **金**　喻贵重、难得。

今译

腊月里，山泥、人粪拌和作成“棋”，

待阴干，焙烧冷却置缸里，

三年后，肥性缓褪，使用适宜，二两三两放盆底。

兰蕙吃得嘿嘿笑，犹如进补养身体。

提要

十二月时，用山泥与人粪充分拌匀后作成棋子或腐乳大小的饼块，隔一二天后，将其放于火内烧上一会儿，凉后取出，置入缸内，任其通风，不可加盖，只在大雨时才加盖，微雨也无碍，这就叫“金泥”。

初时肥性燥烈，须贮放三年后，肥性趋缓，才可入盆使用。用时量不可多，以免伤肥，小盆一二两，中盆二三两，大盆三四两（系十六两称一斤的老秤），此已足够。“金泥”要置放在底部，不可靠近根，以防兰根被烧坏。

二十七、种蕙

春兰未了蕙花来，初落山时切莫栽[1]。
花蕊密藏防损坏[2]，春分[3]时节好栽培。

◎春分之前，天气尚冷，蕙花栽植宜迟。若早栽将水浇透，恐防冻伤，若略浇盆面又恐根土不和。风吹壳滞[4]，日久壳色如油[5]，而花不开矣。

注释

[1] **初落山时切莫栽** 言刚下山的新蕙在春分之前不可急于上盆栽植。

[2] **花蕊密藏防损坏** 意谓将带花的下山蕙草，沙植室内，严防因遇冰冻受损。花蕊：即花苞；密藏：周密保护。

[3] **春分** 农历二十四节气的二月中气，是春季九十天的中分点。在每年公历3月19日、20日、21日或22日，以太阳位于黄经0°为准。这一天太阳直射地球赤道，各地几乎昼夜等长。

[4] **壳滞** 壳：指蕙兰花苞；滞：生长发育受阻，缺乏生气。

[5] **壳色如油** 言蕙兰花苞受了寒冻后衣壳上似搽过油状。

今译

二月春兰刚谢花，迎得三月蕙兰开，
春分之前下山蕙，劝君莫急去盆栽；
假植于潮沙，置放暖和的室内，防冰冻，防干寒，谨避门缝贼风吹，
待到春分时节天气转和暖，此时再去栽。

提要

春分之前，气温还较冷。不论是新下山的或是老盆口的蕙兰，上盆、翻盆时日都宜迟。如果栽早，盆土和苗株因栽后浇透水，恐遇冷而受冰冻；反之，为防冰冻而略浇盆土，苗株之根与盆土不能密切贴合，造成苗株水分不断蒸发，急需补充，而泥中的根输送功能不强。日子拖久，株叶脱水，花苞衣壳发亮如涂油而不能开花，直至枯萎。

二十八、伏种[1]

最宜谷雨[2]花开了，洗净根茎伏入盆；
风露不妨阳少见[3]，过阴过湿恐伤根[4]。

◎谷雨后伏种，先将根茎洗净、剪去烂根，并加金泥而栽植之，宜通风濡露，少见太阳为妙，阴湿大雨亦忌。

注释

[1] **伏种** 伏：居处。喻给兰蕙安家定居，即翻盆，上盆。

[2] **谷雨** 农历二十四节气中的三月中气，在每年公历4月19日、20日或21日，以太阳到达黄经30° 为准。春季最后一个节气，此时蕙兰花期结束，是翻盆最适时间。

[3] **风露不妨阳少见** 刚上盆的下山蕙兰可受风露，却要避免过强、过多的光照。

[4] **过阴过湿恐伤根** 指刚上盆后的下山蕙兰，管理中盆内植株不可过阴过湿，以避免烂根伤草。

谷雨过后天气和，兰蕙已谢花，
分株、消毒、翻盆、换新土，抓紧时间切莫拖；
春风沐露兰蕙喜，大雨烈日，宜躲避，
太阴太湿易伤根，过了半月后，生长就快如飞。

提要

兰蕙翻盆换土重栽的最宜时间：春兰在清明前后，蕙兰在谷雨之后。先把苗株的根茎用清水洗净，再把败根、腐根剪除。然后换上加过“金泥”的新土上盆。置放通风处，夜间可露天放，接受夜露的滋润，白天约十天或半月要少见些太阳，遇大雨阴湿天，要及时躲避。

二十九、十二月养法

正月

正月天寒未出房，恐防根叶被干伤。
盆边燥透泥开裂，极妙宜浇生腐浆[1]。

◎此时宜置于向阳之花房，如盆泥过干，恐伤根叶，即以生腐浆一大钟[2]，浇于盆之周围。三日后再用冷茶一大盃[3]如前法浇之。

注释

[1] **生腐浆** 做豆腐时，刚用石磨磨出来、尚未煮沸的豆浆。

[2] **钟** 即“盅”，饮酒或喝茶用的没有把儿的杯子。

[3] **盃** 即“杯”，盛酒、茶或其他饮料的器皿。

正月“雨水”前后，气温尚低，兰蕙仍须避严寒，
长期扣水泥过干，根缩叶萎受害深；
观泥可见色变浅，莫等泥缝裂，苗草无精神，
宜沿盆边浇圈水。生豆浆匀浇尤喜欢。

提要

花房里把盆花放在能接受到光照之处，如确认盆泥已经过干，兰株缺水，即可用刚磨好的生豆浆一大盅（约100毫升）沿盆内壁匀浇一圈。隔三日后再用等量冷茶汤以同法浇上一圈。

新鲜生豆浆，未曾发酵分解，用量不可过多。

二月

二月初温好透风，土干浇水两三钟。
此时灌溉宜留意，须向周围渐渐冲。

◎正二月最难调养，温时透风、寒时防冻。浇水不宜过多，以一二茶钟浇于盆之周围。

二月已到春分时，气温稍回暖，半开窗户多透风，
盆土干，宜浇清水两三盅（200～300毫升）。
浇水要沿盆壁下，整盆匀浇慢冲，
过干过湿致兰病，认真二字放心中。

提要

一年中兰花的管理工作，以正二月时最为麻烦。农历二月，有惊蛰和春分两个节气，常是乍寒乍暖，多变的气温，温暖时兰室要透风防闷，寒冷时要闭窗防冻。

注意浇水不宜太多，最好是一两盅沿盆的周围浇水。

三月

三月风和日暖时，名兰灌溉费工夫。
东南风发全无碍，西北风狂即避之。

◎三月正和暖之时，无论有花无花，浇水七分，不可过度，过度恐新根有碍也。

今译

又到清明三月时，已是一派和煦春风，
兰蕙生发日旺，浇水增减须多多用功。
东南风性暖湿，兰蕙生长最得力，
西北风性干寒，兰蕙被吹的病痛。

提要

三月清明节以后，天气转暖，过了谷雨，新芽已萌动，浇水要多于冬时，盆泥应保持七分湿，遵循一个“润”字，不可过湿致烂根。春时天气仍有乍冷乍暖，兰蕙苗株要避开西北风。

四月

四月清和培养易，不拘晴雨却无妨。
若逢久雨安檐下，风透盆泥便不伤。

◎四月正清和之时，培养甚易，新苗初发，莫灌肥水，频以河水浇之。

江南四月立夏前后，正是和煦好天气，
兰蕙置室外，晴雨无妨，满可粗放管理。
若遇天久雨，须移置廊前檐下以躲避，
根苗充分通风透气，就会生长得可喜。

提要

农历四月里多晴和天气，培养起来很容易。盆兰新苗正初发，此时可把它们置放室外，直接接受阳光和小雨。

新苗初发之时，不可施肥，更不可施浓肥，可用河水浇灌。

五月

五月太阳初似火，清晨照面最相宜。
藏阴过午原常法，到晚还宜水灌之。

◎上年深秋有芽者，早发春颗，夜浇早晒，易透新苗，忌浇肥水。

今译

五月开始太阳似火，气温日渐升高，

唯清晨之日照，兰蕙舒服哈哈笑。

午时移放阴凉处，这是传统培护老一套，

待到酉（晚间）时水浇透，盆株散热精神好。

提要

上年深秋后所发新芽，江南人称冬芽，这种越过冬日的芽，在来年春时必可早发成健壮新草。

五月间要多让兰蕙苗株接受早晨光照，同时坚持在晚间浇水，能使新苗快速长大。

此时为兰蕙发苗期，新草稚嫩，发育未全，切忌用肥。

夏秋时节，有人主张在晨间（甚至半夜一时起来）浇水，认为晚间盆泥与植株温度尚高，如冷水突灌，植株不能适应，长期如此，必然致病。晨间，盆中泥温已降，用几天前所聚之水来浇兰，安全。

也有人认为晚上浇水，可迅速降低盆中植株与盆土的温度，若浇足淋透，盆土高温随水流排走，使植株能在较低温度下舒适地整整度过一个晚上。本书原作者提倡后者，请体会原文这个“灌”字的含义。

六月

六月天炎勤灌水，畅行根部养新苗。
颗苗瘦弱浇人乳，过了三天水一浇。

◎发起新颗如若细小，即浇人乳一大钟，三日后再以河水过清，至八九月，其颗变旺矣。

今译

六月天气炎热似火，多多用清水给兰灌浇，
兰根泥中舒适长，更促新苗成壮草。
如见苗株瘦弱小，人乳适量巧用好，
浇后三天莫忘记，再注清水效特妙。

提要

当年所发新草，若见苗株较瘦小的，可用人乳一大盅（约200毫升）匀浇盆泥中，隔三天后，再浇以清水洗净。到了八九月间，可见那些瘦弱草已变得茂盛了。

有人用牛奶代人乳浇兰，要注意其量和次数不可过多，需经过自己实践方可，切勿滥浇。

七月

七月秋初气渐凉，新根粗壮叶抽长。
盆中若见泥坚闭，松土还宜用指撑。

◎初秋之时，新根渐壮。如看盆面土质坚闭，即以手指松之，土门一开，根叶皆长。每日宜以生腐浆或河水浇之。

今译

七月入秋后，气温渐趋凉，
兰蕙新株壮，根枝粗又长。
盆土快干见板结，
用指扒拨根不伤。

提要

处暑之后，兰蕙新株新根生长快速，空气干燥，浇水量多，盆土容易发生板结，可用手指轻轻扒松，土壤通透性好了，根叶皆可快长。

盆土快干，每日都需要浇水，每日都用生腐浆或河水浇灌。

八月

八月中秋露渐浓，须将草汁满盆冲。
根强叶旺秋颗透，早发新花便不同。

◎中秋之时，根叶皆旺，以三年百草汁澄清如水者，满盆灌溉，再以河水过清。

今译

八月中秋后，凉露已渐浓，
青草沤汁水，可代肥补充，
根健叶翠，株苗壮美，
能早发新芽多孕花蕾。

提要

白露过后是秋分，夜露已渐浓，可让植株接受露水，此时是当年里第二个生长旺期，正是兰花发蕊、生根、旺叶的时候，可用沤熟三年澄清的草汁再注入清水稀释后，用它作花前肥，满盆浇灌，一二天后，须用清水追浇一遍，效果甚佳。

九月

九月重阳气渐寒，盆中泥面不宜干。
劝君多晒多濡露[1]，自有新颗土面撺[2]。

◎九月正在发秋颗之时，盆面最宜滋润，新棵出土，微灌以草汁，再用清水浇之。

注释

[1] **濡露** 沾湿露水。
[2] **撺**（cuān） 长出。

今译

九月重阳登高时，秋风起，气温日渐转寒凉，
盆土仍宜保湿润，滋养兰蕙芽苗长。
苗株白天多见阳，夜晚露雾沐浴畅，
秋芽喜出土，秋草健壮快生长。

提要

此时气温早晚凉而白天常热，正是叶芽花蕊应时纷纷出土。但江南气温却正是称“菱角燥”的时候，盆土水分底面上下同时蒸发，是一年中盆土最易干的时候，盆土一干，苗株生长会立即受到影响。

除要设法让兰蕙多接受夜露朝雾增湿外，仍可用陈年“草汁水”加清水稀释灌浇，一二天后再补清水。

十月

十月小春寒与热，慎防风雨与严霜。
天和须向窗前露，天冷还宜暖室藏。

◎十月天时，或寒或热，天和透风，天寒避冻。

今译

十月虽已过霜降，江南气温多温凉，
白天温和，夜晚凉，风雨严霜要慎防，
天和兰蕙可近窗置放，冷了须及时关好窗，
若遇天气要变寒，搬进暖室把它们藏。

提要

江南十月，称“小阳春”，早晚间凉爽，午间尚和暖。和暖时做到通风，寒冷时做到防冻，管理不可松懈。

十一月

子月[1]防寒莫出房，温和时要启风窗。
最宜松叶铺盆面，或用棉花裹亦良。

◎十一月初寒之时，须用青松毛剪碎，厚盖数寸最妙。松毛其性温热，能发松透风，花叶无伤，若无松毛，棉裹亦妙。

注释

[1] **子月** 农历十一月的别称。古人以十二天干对应一年十二个月，丑月为十二月，寅月即正月……《说文》：“子，十一月，阳气动，万物滋，人以为偁”。

今译

十一月里飘大雪，入室兰蕙莫出房，
遇有天气转温和，可开上方通气窗。
松针作被铺盆身，
棉花裹草苗不伤。

提要

十一月刚开始寒冷的时候，需要把剪碎的松叶盖盆数寸厚，可以保暖且通气透风，花叶无损。如果没有松叶，用棉花裹着也很不错。

十二月

腊月[1]严寒紧闭窗，预防冰冻用烘缸。
盆中干透微浇水，四面匀分中勿伤。

◎腊月天寒，须防冰冻，室中置一火缸以温之，如土质干燥，可微浇以水，惟不宜放火缸切近，恐火气伤叶也。

注释

[1] **腊月** 农历十二月的别称。古人在年末时，以狩猎的兽类祭祀先祖称为腊，所以把每年最后一个月称为腊月。

今译

十二月天最寒，兰蕙入房紧闭窗，

为防冰冻用烘缸。

久不浇水盆土裂，

四通匀浇苗不伤。

提要

数九寒天，江南气温有摄氏零下5～6度，江北一带有气温零下十几度，除了紧闭门窗，还用火盆、火炉、烘缸等加热，以提高室温，不让兰蕙受到冰冻。如果土质干燥，可以适当浇些水，但是不宜放在火缸近处，怕会灼伤枝叶。

冬天兰蕙盆土需微润，可防结冰，但也不可过干，以防它们肉质根萎缩。

三十、附养兰蕙要诀

春勿出，秋勿入，夏勿干，冬勿湿。

◎此论春气虽和，未至谷雨，清晨尚有薄霜，最易损兰，故不宜轻出。

◎四时惟秋露最浓，经夏日炎燥之后，必得此一番浓露，涵濡[1]一季，方能含膏养秀[2]，以待来春发泄[3]。若早置室中，则润少而槁易[4]矣。至于夏之灌水以救枯[5]，冬之远湿以避冻，固尚理[6]也。

注释

[1] **涵濡** 滋润。

[2] **含膏养秀** 指兰花长得兴旺，叶色油亮、滋润。膏：物之精华；养秀：美丽俊秀，富有生气。

[3] **来春发泄** 意谓到了来年春天，兰蕙就会蓬勃地发芽长棵。来春：来年的春天；发泄：散发出。

[4] **润少而槁易** 犹兰花在秋冬之交如过早入室，会使体内水分短缺，抗性变弱，容易造成干枯而死亡。润少：不够滋润；槁（gǎo）：干枯，枯萎；易：容易。

[5] **灌水以救枯** 灌水：充分浇透水；救枯：避免干枯的危险。

[6] **固尚理** 本来就要重视的道理。固：原来，本来；尚：尊崇，注重。

这四句话十二个字，意思是说虽过了立春，气温开始慢慢转和，但谷雨还没有来到，此时，清晨仍有薄霜，兰蕙若露天过夜，极易受到冻害，所以不可轻易出房。

一年四季里，唯秋露最为滋润，兰蕙历经长长夏日的炎热干燥，多么需要这浓浓的秋露能滋润一季，从而能得到休养生息的机会，把身体调养得健壮美丽。有了足够的营养，才能在来年春天可使花丰、芽多、苗壮。如果秋时让它们过早迁入房中，就不能充分得到秋露的滋润，抗性也会减弱，容易致草枯根萎。

至于夏天要注意通风和灌水，以防兰蕙苗株枯萎。

冬天盆土应注意偏干，要远离一个“湿”字，以免盆土太湿而遇大冷致冰冻。这些都是本来就要重视的道理。

三十一、记素心变幻事实

乾隆四十八年，余客浙江，与徽人同寓[1]。谈及黄山下张村[2]，有王考号自成者，出仕数载，年老回籍，一生好诵皇经[3]，尤爱兰蕙，不惜重价购觅名种。

一日忽遭回禄[4]，诸物灰灭无余，惟皇经、兰蕙独存。遂觅黄山上天生石屋一间，屋外搭草设门，为修心之所，仍早晚诵经、培花。所培名种中，有大荷花瓣一盆，置于石屋之外，其余兰蕙，俱藏舍中。

一日，在外采黄精[5]归，见仙鹿二，将屋外荷瓣之叶大半衔去[6]，赶至而鹿避去，盆内鹿涎满流，根茎无恙，当年发花尤盛。

次年，兰舌红点竟去其半，又一岁，变为净素。鹿啮椿[7]之说，信然。可见兰蕙亦有变异也。

注释

[1] **与徽人同寓** 徽人：安徽籍人；同寓：住在一起。

[2] **黄山下张村** 黄山翡翠谷景区一自然村，现归辖安徽省黄山市黄山区汤口镇山岔村。

[3] **皇经** 泛指道教经典，也特指道教的《高上玉皇本行集经》（简称《玉皇经》）。《少兰钞本》作“玉皇经”。

[4] **回禄** 传说中的火神名，文中借指火灾。

[5] **黄精** 百合科多年生草本，地下具横生根状茎，肉质肥大，叶线状披针形，4~5枚轮生，先端卷曲，缠绕它物，夏开花色白。中医以根状茎入药，性平，味甘，补气润肺，治脾胃虚弱，肺虚咳嗽，消渴。

[6] **衔去** 用嘴咬掉。

[7] **啮椿** 《少兰钞本》有注，啮：噬也；椿：杙木而复生也；啮椿者，谓鹿食而复生也。杙木：小木桩。

今译

清朝乾隆四十八年（1783）时，我旅居浙江，跟一位安徽人住在同一寓所里。他告诉我在安徽黄山有个下张村，村里有位名叫王考，号为自成的人，曾在京城任官很多年，直至告老还乡。他一生中喜爱研读道教经典《玉皇经》，尤其喜爱栽培兰蕙，总是舍得花大钱向人购买兰蕙名种。

有一天却不知是什么原因，遇到一场大火，房屋及室内所有一切，均都化为灰烬，只有《玉皇经》和兰蕙被幸运地保留了下来。为求有个栖身之处，于是他寻找到黄山上一间自然生成的石屋，屋前搭上个草披，再开个门，从此这里就是他修身养性的处所。每天早晚，他仍坚持诵读皇经和莳养兰蕙花。在他所培育的名品里，除一盆大荷瓣置放在石屋外，其余的都藏放在石屋内。

一天，他去外边山间采挖黄精归家，瞧见有两只花鹿在咬食屋外那盆大荷花的叶片，他急忙将野鹿赶跑，再回来看盆中的兰草，一大半已被咬得精光，只见鹿的口水流满盆内，所幸根茎无恙，当年发花反而尤为繁盛。

到了第二年开花时，他发现兰花舌上的红点有一半已经消失了，再莳养一年之后，这盆兰花舌上的红点竟全部消失而变为净素。

兰草被鹿吃光而复生的故事，终于让人相信，由此可见兰蕙的品种也是会产生变异的啊！

《兰蕙镜》特色点评

顾名思义，《兰蕙镜》是一本可以借鉴有关兰蕙知识的书。作者屠用宁先生不但是位艺兰家也是位名医家，阅读过本书的人，相信都能体会到原作者在采集、编写此书的内容和写作手法的运用方面，以及在对兰蕙“鉴”与“赏”知识的传教中，总会自然联系到给人诊病的原理，时时流露出医家的特质，这正是本书与其他古兰书所不同的地方。

在书的开头“选种”一节里，就有“似炼神仙九转丹”之句，俗语说“三句不离本行”，丹、丸、膏、散，这都是行医者最熟悉不过的。如“阳山土，花叶必黄而苍；阴山土，花叶必青而黑”这样对待兰花就如同医生对病人先要通过察颜观色作细致的分析比较，然后再诊断疾病及考虑用药。又如“气色要鲜明”又如“要把阴阳仔细推”，又如“根土不和”等书中诸如此类的很多句子，虽是在叙写兰花，却含涵着医家特殊的语言风采，让人细读起来真是趣味无穷！

也许是一种天性，屠先生自小爱兰，随着年龄的增长，痴迷程度也在不断加深，他常常不惜重金追求兰蕙珍品，在自己居住的院子里盖建了兰室，取名为“育兰轩”。对于轩中莳养着的这些兰蕙，他都要去仔细地观察和照料，总是想尽办法为它们创造最舒适的生长条件。屠先生在《兰蕙镜》的自序中介绍自己是个“幼有兰癖，长而弥笃”的人，对于自己在养兰实践中遇到的问题，一定要反复地查找原因，观察比较、研究思考，并且对这些点点滴滴的问题，勤做笔记，以便于日后查考。没想到小溪流汇成江河，这些日积月累的资料以后都成了他撰写本书的素材。

《兰蕙镜》全书的文字并不算多，但凡是有关兰蕙的主要内容，却可说它已是面面俱到了。它以大家喜闻乐见的山歌民谣（或称快板）的形式展开内容，着重对兰蕙的选种和鉴赏，作了有纲有目的描述。语言简朴，意思明了，读来顺口，从趣味中传播知识，激发起读者的兴趣和便于他们记忆。如“花有阴阳”一节描述“山辨阴阳花辨性，栽花亦要用工夫，花苞疏密须精审，花叶青苍仔细模”。就像北方人喜欢吃馒头，南方人喜欢吃大米饭那样，兰蕙也有它们不同的脾性，生长在山阳面的草，色偏黄，喜光照，喜偏干；生长在山阴面的草，色偏绿，喜偏阴，喜偏润。养兰人通过观其叶色的老黄或嫩绿，可以判断出它们是阳山还是阴山的草进而确定它们的不同生活习性，可以布置出投其所好的环境措施，在光照、灌溉、施肥等方面加以区别对待。如果你掌握了兰蕙的这些生长特性的知识，还有什么可言种不好的？

如何鉴别花品的高下？这是本书的重点与精华所在。

纵观全书，共三十一大段，从第四段“看虫素 ”开始至二十四段“深山青麻”为止，整整二十段，占了全书三分之二的篇幅。它告诉我们要看花苞的“壳”与“色”；要看花苞的“筋”与“麻”；要看花苞的“沙”与“晕”；要看花苞的“形”与“质”。所有的彩心或素心花，所有的梅、荷、仙型等“瓣子花”或无瓣型的 “行花”，都可以在审视比较中得出较为正确的结论。

筋之形有粗细、平凸、疏密、曲直、长短、断续与透顶之别；其筋色有深绿、浅绿、青、红、浅红、褐、紫等不同。

衣壳质地有厚硬、薄软、薄硬，之别；其壳色则有绿壳、白壳、白麻壳、红麻壳、灰白壳、银红壳、青麻壳和乌青麻壳等。

沙，散布于壳筋上及空间中，是细微密集的点，白亮如桃李幼果之毛。

晕，密布于壳筋空间中，深色细密分布不匀，如浓烟重雾。

至于苞（胎）形，则有如圆鼓、桂圆、橄榄、毛笔头，还有“空头”“尖头”等等。

在我们这篇文中，只是把本书排铺的内容大略地作了个概括，但已能足够看出原作者对内容的精心构筑，反映出他在艺兰路上曾经的潜心观察、细微研究，把自己的经验写成了一整套有系统性的艺兰知识，所付出的精神代价、经济代价和时间代价是难以估量的。试问今存的那些古兰书里，谁能比得上屠用宁先生的《兰蕙镜》对兰蕙花苞有如此至深的研究？实在与他诊断眼疾有异曲同工之妙。

有一个最为让艺兰人头痛的问题，那就是对蕙兰花苞的审鉴，有人以为鉴别蕙兰花品的优劣就像鉴别春兰一样，就是看大花苞呗！错了，其实是要看大花苞内小花苞（蕊米）的“形”与“色”，这蕊米形状是那么的小，变化又那么多端，所以审视起来要比春兰难。有人认为自己看大花苞所作出的判断千真万确，往往在放花后却全然不是。即使是有一定资历的兰家，谈到挑拣落山蕙兰，也常会摇头称难，叹说“‘蕙拐子’真是怪”。《兰蕙镜》在第十四节“看蕊”里却有一段看“蕙拐子”的秘传：“蕙花蕊米却难言，变化多端未易传，总要整齐为极品，珠形还要白镶边”。让我们不妨来理解一下这些话的意思：蕙兰是总状花序，与春兰只开一二朵花有别，在它的一个大花苞里有5～9个小花苞（蕊米、蕊头）有的甚至还要再多一些，能开更多的花朵。

为此，我们要看蕊米从大包壳里出来后（排铃）一个个蕊米的形状是否大小都一致？是否形圆如珠？或者是否如倒生的瓜子那样上大下小，萼片边缘是否有白色的一圈？只有具备这三个条件，才能称作是存在着会出佳品的希望。蕊米虽是小小的，学问却是大大的！千言万语总结为一句，“细看嘴头向内者，皆为上品”。屠用宁把类似这样宝贵的经验之谈，毫无保留地献给了读者，可说是金玉良言、无私奉献。

“十二月养兰法”也是本书的一个闪光点，也各用四句诗话告诉我们每月要做的重点工作，极其概括、精炼，并用可以起到诠释和补充意思的少量文字作为提要，有取土及施肥方面的、有灌溉方面的，还有通风、遮阴、降温和保暖方面的。这些读来朗朗上口，重点明晰，寓知识于其中，犹如孩子读《三字经》那样，让成年人、老年人读起来觉得新鲜而有趣味。看了此书，可以使我们养兰的后人们少走许多弯路。

《兰蕙镜》的内容，以今天科学发展的眼光来审视，仍难看出有什么不当之处，如果一定要说需商榷之处，那就是在“种蕙”一节里：有“春兰未了蕙花来，初落山时切莫栽”的话。原作者屠用宁先生家居太湖西畔的宜兴，从地域位置上说处于长江以南，但两百多年前，那里的冬天，定然会比现今整个地球趋于变暖的冬季要寒冷得多。

所以古人认为秋冬时刚下山的蕙兰，应先行假植沙中，一直要到春分以后才可以正式上盆，理由是上盆后盆泥因浇了水，容易受冰冻，沙植则可偏干且可有一定湿度，植株可免受冻。遥想那时候北方冬天寒冷，先人们这样做是有现实意义的。但不知今天是否还有人会按上述方法要把下山蕙兰再先假植于沙中？从生物学角度而言，如果这样做势必会造成植株根部不能充分吸收到所需的水分，花苞里的蕊米宝宝在孕育过程中所消耗的大量营养，必须全赖于植株体内所贮存的。要待开过花后再可正式上盆，这样必然造成植株体内营养不堪重负的后果，即使上了盆，也需要半个月才能接上地气（服盆），轻则影响今后的生长，重则造成灯尽油干，致使植株花后萎败。所以下山蕙兰在沙中贮而不栽这做法，在今天电气化的时代里，似乎已无人再用。

有资料表明，《兰蕙镜》是一本兰花经典，清末江宁（南京）的一代艺兰家杨复明在所著《兰言四种》里对该书有很好的评价。在清末和民国时期，各地也有兰人自发出款几次付印过此书。《兰蕙镜》用词精准，语言朗朗上口，全书内容从头至尾都是以歌谣形式描叙兰蕙的形象特征，传授莳兰的技艺，介绍鉴赏、审选要点，具有知识性、艺术性、实用性，书中有作者开掘出很深的独特见解，都是他人书中所没有写过的。相信今天爱兰的人们读了此书，还会有一种新鲜的感受吧！

莫磊撰文